Jan Bredack
mit Helmut Kuhn

Vegan für alle
Warum wir richtig leben sollten

Jan Bredack
Vegan für alle

Mehr über unsere Autoren und Bücher:
www.piper.de

Aus persönlichkeitsrechtlichen Gründen
wurden Namen, Orte und Personen verändert.

MIX
Papier aus verantwor-
tungsvollen Quellen
FSC® C013736

ISBN 978-3-492-05630-4
© Piper Verlag GmbH, München 2014
Umschlaggestaltung: FAVORITBUERO, München
Autorenfoto: Andreas Chudowski/WirtschaftsWoche
Gesetzt aus der Calluna und Amaranth
Satz: Tobias Wantzen, Bremen
Gesamtherstellung: Kösel, Krugzell
Inhaltsstoffe/Bestandteile: alle verwendeten
Materialien für die Herstellung dieses Produktes
sind frei von tierischen Inhaltsstoffen.
Printed in Germany

Jan Bredack wächst in den 70er-Jahren in der DDR auf. Nach der
Wende heuert er bei Daimler an und legt einen beispiellosen
Aufstieg bis in die Spitze der Zentrale hin. In Moskau baut er das
erste russische Daimler-Nutzfahrzeugwerk auf. 2008 erleidet er
einen Burn-out und krempelt sein Leben komplett um. Er kündigt
bei Daimler, wird Veganer und gründet die vegane Supermarkt-
kette Veganz.

Helmut Kuhn ist Autor und lebt in Berlin. Zuletzt erschien der
hochgelobte Gesellschaftsroman *Gehwegschäden* (Frankfurter
Verlagsanstalt 2012, Taschenbuch Heyne 2014).

Inhalt

Vorwort 9

I.
**Die Initialzündung: Wir sind arme Schweine,
die arme Schweine essen** 11

Fleisch gleich Tier gleich Töten 13
Papa, warum isst du kein Fleisch mehr? 18
Moskau – (k)ein Paradies 24
Rohköstler sind energetischer,
oder wie ich ein neues Werk aus dem Boden
stampfen soll 30
Die Tage sind gezählt 37
Die Vertreibung aus dem Paradies 42

II.
Vom Stasi-Kind zum Manager und Millionär 49

Das Stasi-Schloss 51
Big Business ist nicht der Feind,
sondern der Schlüssel 56
Eine musikalische Familie 60
Superfoods 66
Businessmeni in Marzahn 73
In Deutschland ist ein Tier nur eine Ware 78

Auf Krawall gebürstet 90
Städte des Wandels 98
Ich bin der Klassenfeind 102
Von Bienen und Menschen 105
Im Osten ist der Mechaniker ein König 109
Es knirscht im Gebälk 115
Ich bin ein Held – und soll zur Bundeswehr? 118
Erdöl am Fuß? 124
Der Tod lauert auf der Autobahn 130
Nie wieder Weihnachtsgans? 133
Mein erster Urlaub 135
Der große Deal 147
Und plötzlich bin ich Manager 152
Das Land der unbegrenzten Extreme 157
Kathrin und das große Geld 161
Der RBB macht den Käsetest 167
Mein Sohn kommt zur Welt –
und ich habe keine Zeit 171
Der Fleischkonsum und die Philosophen 174
Vom Everybody's Darling zum
Arschloch Bredack 178
Im Supermarkt der Religionen 181
repmycar.de 186
Von Mistgebirgen und Gülleseen 189
Iron Man 192
Dürre, Stürme, Überschwemmungen 196
Ein System der Angst 198

Der Hund hat Freunde. Das Schwein
hat Barone 204
Einen Tick links rüberziehen –
und alles ist vorbei 207

III.
Lieber Gott, wie groß ist dein Tierreich?
Eine vegane Zukunftsvision 211

Der große Tag 213
Im Shitstorm 216
Straight Edger und Mainstream 221
Ist Fleischkonsum heute noch zu verantworten?
Eine Einladung der deutschen Geflügelindustrie 226
Ein Blick über den Tellerrand 235
Es geht um mehr als ein paar vegane Supermärkte 243

Nachwort 249

Vorwort

Ich bin ein Verkäufer. Ich habe mit Autos gehandelt, jetzt handle ich mit Lebensmitteln. Das ist mein Metier. Und ich will Ihnen etwas verkaufen.

Ich verkaufe Ihnen eine Idee.

Diese Idee macht Sie gesund, glücklich und zufrieden. Diese Idee rettet die Welt, sie beseitigt den Hunger und schafft Frieden. Und das Beste daran ist: Sie müssen nur umdenken. Klingt gut? Nun, es ist nicht meine Idee. Ich bin nur einer von vielen, die den Traum von einer besseren Welt teilen. Das ist naiv? Keine Sorge, ich bin nicht naiv. Ich war ein ziemlich ausgebuffter Karrierist. Vom kleinen Ossi zum Millionär. Ich war ein Tierquäler, verantwortungsloser Familienvater, Angeber und Vertilger von Massentierfleisch vor dem Herrn.

In diesem Buch erzähle ich meine Geschichte. Nicht, weil ich mich für etwas Besonderes halte, sondern weil ich mit Ihnen teilen möchte, was ich erlebt und erfahren habe. Ich will Sie auch nicht missionieren. Wenn Sie meine Geschichte gelesen haben, wissen Sie, warum. Aber nach zahlreichen Irrwegen und Irrtümern in meinem Leben fühle ich mich jetzt so viel besser, und vielleicht wird es Ihnen genauso gehen.

Haben Sie aber keine Sorge. Sie müssen nicht von heute auf morgen Ihr Leben komplett umkrempeln und auf alles verzichten, was Sie häufig und gerne zu sich nehmen. Es reicht vollkommen, wenn Sie sich langsam von Ihrer gewohnten Ernährung verabschieden. Wenn Sie Ihrem Körper Schritt für Schritt keine tierischen Fette und Enzyme mehr zumuten, keine Milch, Eier, aber auch weniger Zucker und Weißmehl. Wenn Sie sich – nicht sofort, aber irgendwann – für den veganen Weg entscheiden. Dann werden Sie körperliche Zustände erreichen, von denen Sie nicht zu träumen wagten. Das kann ich Ihnen garantieren. Sie werden sich fühlen, als wären Sie ein Olympionike.

Wir stehen an der Schwelle zu einer neuen Zeit. Und wir werden umdenken müssen, wenn wir als Menschheit überleben wollen. Die Tage der Massentierhaltung sind gezählt.

Sie haben sich für dieses Buch entschieden und damit bereits eine Tür aufgestoßen. Ich würde mich sehr freuen, wenn meine Geschichte dazu beitragen könnte, Ihnen die Idee eines veganen Lebens näherzubringen. Und sie Ihnen vielleicht ein wenig die Augen für die klaren Fakten öffnet, die für die ökologische, aber auch ökonomische Notwendigkeit der veganen Lebensweise sprechen. Denn nur wenn wir uns ändern, können wir die Welt zum Besseren verändern. Wie Victor Hugo es schon so treffend gesagt hat: Nichts ist mächtiger als eine Idee, deren Zeit gekommen ist.

I.
Die Initialzündung:
Wir sind arme Schweine,
die arme Schweine essen

Fleisch gleich Tier gleich Töten

Im September 2008 wurde ich von einem Tag auf den anderen Vegetarier.

Schuld daran waren ein Burn-out und Hannah. Damals hatte ich mich bereits von meiner Frau getrennt. Über Jahre hatte mein Job uns auf schleichende Weise voneinander entfernt, bis wir schließlich wie Fremde unter einem Dach lebten. Dabei ging es uns eigentlich gut. Wir wohnten außerhalb der Stadt, in einer Villa mit Swimmingpool und großem Garten. In der Garage standen stets die neuesten Mercedes-Modelle. Das Leben glich einem Traum, und unsere Nachbarn waren grün vor Neid. Obwohl sie mich gar nicht kannten. Sie bekamen mich kaum zu Gesicht, denn ich verließ das Haus im Morgengrauen und kehrte erst spät in der Nacht zurück. Ich arbeitete als Manager für Mercedes-Benz. Ich war 36 Jahre alt und verantwortlich für einen Milliardenumsatz. Ich hatte einen luxuriösen Dienstwagen, ein repräsentatives Büro und einen persönlichen Parkplatz vor dem Haupteingang. Ich verdiente sehr viel Geld, hatte Macht und wurde respektiert.

Ich war am Ziel meiner Wünsche – und ziemlich am Ende.

Innerlich war ich ein Wrack, ein Schatten meiner selbst. Ich funktionierte nur noch und lebte angepasst, um mein erreichtes Machtlevel zu halten und abzusichern. Am wahren Leben nahm ich schon lange nicht mehr teil. Ein Leben außerhalb der Mercedes-Welt existierte für mich nicht. Mit Menschen, die keinen Mercedes-Stern trugen, konnte ich mich gar nicht unterhalten, ihre Ansichten interessierten mich nicht, ihre Alltagsprobleme belächelte ich, ihre Fragen und ihr Interesse an meinen Themen ignorierte ich. Ich war alleine und nur mit mir und den imaginären großen Problemen rund um den Stern, den ich rund um die Uhr im Kopf und im Herzen trug, beschäftigt.

Hinter den Kulissen suchte man in der Führungsetage bereits nach einem neuen, weniger exponierten Job für mich. Bis es so weit war, nahm ich wie gewohnt Termine wahr, saß in Meetings und reiste durch die Welt. Während einer Veranstaltungstournee mit leitenden Managern aus der Zentrale und Geschäftsführern diverser Mercedes-Benz-Autohäuser hielt ich die Eröffnungsvorträge. Anschließend zog ich mich mit ausgewählten Gästen zum Kamingespräch zurück und machte ein bisschen auf buddy-buddy; die Kamine dafür hatte man eigens in den Veranstaltungszelten installiert. Eine der Veranstaltungen fand in Siegen statt, und dort begegnete ich Hannah. Sie war Hostess, eine junge, schöne Frau mit einer Stimme, die mich vom ersten Moment betörte. Sie sang auf meinen Wunsch in einem Moment, in dem wir alleine im Zelt waren, ein Lied für mich, nur für mich alleine. Ich verliebte mich sofort. Unsere Begegnung wurde für mich zu einer Initialzündung – in vielerlei Hinsicht.

Bis zu jenem Tag hatte ich gegessen, was auf den Tisch kam. Ohne nachzudenken, hatte ich in mich hineingestopft, was man überhaupt nur essen konnte: Hamburger, Currywürste, blutige Steaks und jede Art von Innereien. Erst, als ich Triathlet wurde, begann ich, bewusster auf meine Ernährung zu achten. Statt Schweinefleisch aß ich Pute, statt Rind Huhn. Geflügel ist gesund, dachte ich, es versorgt deinen Körper mit Eiweiß. Am liebsten aß ich das Fleisch roh, weil ich glaubte, so noch mehr Energie zu bekommen.

»Ich bin Vegetarierin«, sagte Hannah, als wir zum ersten Mal essen gingen. Ich orderte, wie sehr oft, ein Hähnchenbrustfilet, sie bestellte einen Salat mit Tofu. »Ich finde, man sollte Tieren kein Leid zufügen.«

»Leid zufügen?«, fragte ich. »Was meinst du?«

»Das Hähnchen auf deinem Teller wurde getötet, damit du es essen kannst.«

Ich sah sie an, sah auf meinen Teller – und zum ersten Mal dämmerte mir, dass das Stück Fleisch tatsächlich einmal ein Tier gewesen war. Wenn wir Tiere essen wollten, musste sie jemand schlachten. Daran hatte ich noch nie gedacht, wenn ich ein Steak verschlungen hatte. »Stimmt«, sagte ich und kam mir nicht sehr cool vor. Warum hatte ich daran noch nie selbst gedacht? Warum hatte ich mich nie gefragt, woher das, was wir essen, eigentlich kam?

Hannah begann, zu erzählen, warum sie seit 13 Jahren kein Fleisch mehr aß. Es sei ihr wichtig, keinem Lebewesen Gewalt anzutun, sagte sie und stach mit der Gabel in ihren Tofu. Sie wolle nichts essen, was unter Qualen aufgezogen, womöglich misshandelt und schließlich mehr oder weniger grausam getötet worden sei. Ich hörte zu – und fühlte mich, als hätte mir jemand einen Schlag verpasst.

Fleisch gleich Tier gleich Töten?

War die Gleichung wirklich so simpel?

Doch Hannah verzichtete nicht nur auf Fleisch, sie rauchte auch nicht, trank keinen Alkohol, keinen Kaffee, keinen Tee, nahm keine Drogen und spielte nicht. Als Sportler war mir das nicht fremd. Aber auf Kaffee verzichten? Nie wieder Tee trinken? Ich runzelte die Stirn. Hannah erklärte mir: »Kaffee und Tee wirken aufgrund ihres Koffein- beziehungsweise Tee-ingehaltes anregend, und ich will keine Stoffe zu mir nehmen, die meinen Organismus in irgendeiner Art und Weise beeinflussen.«

Es war eine fremde Welt, die sich vor meinen Augen und Ohren öffnete. Eine Welt mit Werten, denen ich bislang keine große Bedeutung beigemessen hatte. Kein Glücksspiel? Wie oft hatte ich an der Börse gezockt wie ein süchtiger Poker-spieler! Ich hatte mit dem Geld, das ich als Manager verdiente, spekuliert und dabei echt Kohle gemacht und ein kleines Vermögen angehäuft.

Hannah erzählte von einer Gruppe, in der sie sich engagierte, ein Zusammenschluss von Menschen, die für eine bessere Welt kämpften. Eine Welt, in der alle Lebewesen in Liebe zusammenleben. Ich hörte zu, staunte, nickte. Bislang hatte ich mich über Weltverbesserer lustig gemacht. Tierschützer, Vegetarier, Veganer – das waren für mich realitätsfremde Spinner, die in Fußgängerzonen standen und Plakate mit Bildern von toten Robbenbabys hochhielten. Meine Freunde und ich rissen Witze über sie. Wir lachten sie aus – und gingen anschließend ins nächste Steakhaus, denn das blutige Steak zu essen gehörte sich so in unseren Kreisen. Doch ich war beeindruckt von der Vision, die Hannah da in wenigen Worten entwarf. Vieles klang idealistisch, aber auch ungeheuer einleuchtend.

Am Ende des Abends beschloss ich, auch Vegetarier zu werden.

War ich also über Nacht selbst so ein Spinner geworden? Anfangs fragte ich mich das. Heute, im Rückblick, glaube ich, dass es damals nur eines Anstoßes bedurfte. Zu jener Zeit hatte mich das Leben, beruflich und privat, bereits aus der Kurve getragen. Der Topmanager, der permanent auf der Überholspur lebte, war an seine Grenzen gestoßen. Der Ehemann und Vater stand vor den Trümmern seines Familienlebens. Es war eine Zeit radikaler Umbrüche: Ich wechselte den Job, ich verließ meine Frau, ich verliebte mich in Hannah. Ich änderte mein Leben, krempelte es von Grund auf um. Dabei kam mir zugute, dass ich, wenn es darauf ankommt, schnell Entscheidungen treffen kann. Die Entscheidung, Vegetarier zu werden, war trotzdem eine Entscheidung aus voller Überzeugung. Ohne es zu wissen, hatte ich bereits an der Schwelle zu einem anderen Leben gestanden.

Ich denke, es geht heute vielen – und vielleicht immer mehr – Menschen ähnlich. Auch sie stehen an einer Schwelle. An der Schwelle zu einem anderen Denken, einer neuen Zeit, einem lebenswerteren Leben. Es braucht nur einen Anstoß, eine Initialzündung, um den Weg in die neue Richtung einzuschlagen.

Papa, warum isst du kein Fleisch mehr?

»Papa, warum isst du kein Fleisch mehr?« Wir liefen durch ein Einkaufszentrum, und Philipp und Jakob, meine Söhne, hatten Hunger.

An einem Dönerstand blieben wir stehen. »Seht ihr den Fleischklops an dem Drehspieß dort drüben?«

Meine Jungen, damals drei und zehn Jahre alt, nickten.

»Stellt euch vor, der ist ein Tier. Man hat es gezüchtet, getötet und aufgespießt. Es musste sterben, um zu Döner zu werden.«

Philipp und Jakob sahen mich erschrocken und etwas ungläubig an – und verstanden. Wir gingen weiter, und an einem anderen Imbiss bestellten wir drei vegetarische Döner.

Zu Hause setzten wir uns vor meinen Computer und surften durchs Internet. »Fleisch zu essen ist nicht gesund«, erklärte ich. »Außerdem schadet die Fleischproduktion der Umwelt.«

»Warum?«, fragte Jakob.

»Weil die Zucht von Rindern und Schweinen viele Ressourcen verbraucht. Und der Transport verursacht eine Menge Treibhausgase.«

»Was sind Treibhausgase?«, fragte Philipp.

So simpel die Fragen meiner Söhne waren, so erschreckend waren die Antworten, auf die wir stießen. Rund 842 Millionen Menschen auf der Welt hungern. Alle fünf Sekunden stirbt laut UNICEF ein Kind an Unterernährung. Gleichzeitig verzehrt ein Mensch im Durchschnitt 42,5 Kilo Fleisch im Jahr, in Deutschland sind es sogar 60 Kilogramm. Allein in

Deutschland werden 60 Prozent der Getreideernte als Viehfutter verwendet. Um ein Kilo Rindfleisch zu produzieren, braucht man 16 Kilo Getreide. Der durch die Massentierhaltung bedingte Ausstoß von CO_2, Methan und Stickoxid ist riesig. Würde man sich überall auf der Welt so ernähren, wie wir es tun, hätten 3,2 Milliarden Menschen etwas zu essen, und 3,7 Milliarden müssten hungern. Würden wir dagegen auf Fleisch verzichten, könnte die globale Ernte vier Milliarden Menschen mehr satt machen. Ein einzelner Fleischesser produziert siebenmal mehr Treibhausgase als ein Veganer.

Als wir ein paar Tage später einen Film über Milch sahen, begriff ich, dass es mit dem Verzicht auf Fleisch nicht getan war. Auch Milchkühen wird permanent Leid zugefügt. Ich hatte nicht gewusst, dass die Milch, die wir trinken, eigentlich für Kälber bestimmt ist. Dass man Kühe ständig schwängert, damit sie ein Kalb nach dem anderen gebären und Milch produzieren. Ich wusste nicht, dass man ihnen ihre Jungen unmittelbar nach der Geburt wegnimmt, sie mit Kraftfutter und Antibiotika füttert, damit sie noch mehr Milch geben. Dass man sie schnell wieder schwängert und ihnen auch diese Kälber wegnimmt. Dass die Kälbchen hochgezüchtet und geschlachtet werden. Oder selbst zu Milchkühen werden, die geschwängert werden. Es ist ein endloser Kreislauf. Doch wer sagt, dass eine Kuh keine Muttergefühle hat? Man mag mich für naiv oder ignorant halten, aber bislang hatte ich in der Vorstellung gelebt, eine Kuh stehe mehr oder weniger glücklich auf der Weide, fresse Gras und gebe Milch. Ich hatte nicht gewusst, dass wir Menschen, wie sonst keine Spezies, anderen Lebewesen die Muttermilch stehlen, um sie selbst zu trinken.

In den folgenden Wochen sahen Philipp, Jakob und ich uns immer wieder Filme an. Meine Jungen waren neugierig geworden, sie stellten Fragen über Tierschutz, Massentierhaltung und vegetarische und vegane Ernährung. Doch je länger wir vor dem Bildschirm saßen, desto mehr brachten die Filme, die ich aus pädagogischen Gründen meinen Kindern hatte zeigen wollen, mich selbst ins Grübeln.

Ich bin Ossi. In der Schule in der DDR bekamen wir als Kinder Schulmilch, kleine pyramidenförmige Tüten mit einem halben Liter Milch darin. Zu Hause gaben unsere Eltern uns Milchgeld mit, die Lehrer sammelten es ein und verteilten in den Pausen die Milchtüten – ein fest im Alltag verankertes Ritual. Sie meinten es gut. Milch war gesund, und wir Kinder waren im Wachstum. Wir sollten groß und stark werden. Für mich als Stadtkind war Milch also etwas Gutes, etwas Nahrhaftes und Positives. Morgens fuhr ich immer mit der Straßenbahn von Berlin-Marzahn nach Friedrichshain zur Schule, die Fahrt dauerte eine Stunde. Eines Tages endete der Unterricht früher als üblich, und ich ging zur Straßenbahnhaltestelle. Wie immer hatte ich in der Pause meine Milch getrunken, doch auf einmal bekam ich furchtbare Bauchschmerzen. Mein Magen verkrampfte sich, mein Darm rebellierte, und ich musste dringend auf die Toilette. Ich biss die Zähne zusammen und zählte die Stationen. Schließlich hielt ich es nicht mehr aus und machte in die Hose.

Es war mir unwahrscheinlich peinlich.

Dreißig Jahre später, als ich mit meinen Söhnen durchs Netz surfte, erinnerte ich mich an diesen Tag. Und plötzlich wurde er zu einer Art Schlüsselerlebnis. Ich las Berichte, die erklärten, wie Milch den Körper verschleimt, ihn übersäuert, den Knochen Kalzium entzieht, statt sie damit zu versorgen. Ich verstand, dass ich die Milch damals schlicht nicht vertragen hatte. Und ich war nicht allein. Viele Menschen leiden unter einer Laktoseintoleranz. Und die meisten begreifen erst mit der Diagnose, warum ihnen so oft übel wird.

Warum also geben wir unseren Kindern weiterhin Milch zu trinken?

Warum handeln wir wider besseres Wissen?

Weil man uns mit Milch regelrecht gefüttert hat, im buchstäblichen wie im übertragenen Sinn. Im Westen war das nicht anders als im Osten. *Die Milch macht's,* lautet ein beliebter Werbeslogan. Er suggeriert, dass Milch direkt vom Bauern kommt, dass sie frisch und gesund ist und kleine Kinder groß, stark und glücklich macht. Ein Schokoriegelhersteller wirbt mit dem Slogan: *Der schwimmt sogar in Milch.* Schokolade mit extra viel Milch ist bis heute ein Renner.

Es war absurd. Je tiefer ich in die Materie eintauchte, desto mehr verstand ich, dass alles, was ich als Kind über Ernährung gelernt hatte, falsch war. Ja, dass angeblich Gesundes sogar krank machen kann! In den USA beispielsweise darf die Werbung nicht mehr behaupten, Milch sei gesund.

Stück für Stück fügten sich Informationen und Erkenntnisse wie Bausteine zusammen. Wir Menschen sind Lemminge. Wir nehmen als gottgegeben, was überliefert und in den Medien gepriesen wird. Dabei geht es um unsere Gesundheit – das wichtigste Gut im Leben. Wir leiden unter Bauchweh, Erbrechen und Ausschlägen, unter Schwindel, Schweißausbrüchen und Schlafstörungen – und glauben weiterhin, Milch sei gut für uns. Warum stellen wir die vermeintliche Tatsache nicht einmal infrage? Warum schlucken wir, was schon Generationen vor uns geschluckt haben? Wir entwickeln die tollsten Smartphones und schicken Roboter auf den Mars, doch wenn es um unsere Ernährung geht, unsere Gesundheit, unser Leben, handeln wir, ohne nachzudenken, desinteressiert, ignorant geradezu.

Warum?

Am nächsten Wochenende, an dem die Kinder mich besuchten, gingen wir in einen Supermarkt. Wir stellten uns vor, wir müssten uns vegan ernähren.

»Nur so zum Spaß«, sagte ich.

»Was können wir denn dann noch essen?«, fragte Philipp.

Wir liefen durch die Regalreihen und packten ein, was wir gern aßen. Dann sahen wir uns die Listen der Inhaltsstoffe an und sortierten aus. Am Ende war der Einkaufskorb leer – nichts entsprach auch nur halbwegs veganen Standards. In Quark, Käse und Schokolade war Milch. Kekse, Kuchen und Pizza enthielten tierische Substanzen – tierische Fette, Eiweiß, außerdem Enzyme, Zucker und ungesundes Weißmehl. Inzwischen hielt ich mich für einen lupenreinen Vegetarier, aber von wegen: Ich musste erkennen, dass ich noch immer Tiere ausnutzte. Ich belog mich schlicht, wenn ich Lebensmittel in den Einkaufswagen legte, die irgendwelche tierischen Zutaten enthielten.

Das musste anders werden. Ich musste meine Ansprüche und Absichten viel radikaler umsetzen.

Wieder zu Hause, begann ich, mich über eine konsequent vegane Ernährung zu informieren. Dabei hatte ich Veganer vor Kurzem noch für Extremisten gehalten! Für Idioten, die sich in eine seltsame Ideologie verrannten. Mit meinen Kollegen bei Mercedes hatte ich mir das Maul über diese Körnerfresser zerrissen. Nun nahm ich Anlauf, um über meinen Schatten zu springen. Ich hinterfragte meine eigenen Kauf- und Essgewohnheiten und machte mir mehr und mehr Gedanken darüber, was auf meinem Teller liegt, und vor allem, wie es da hinkommt. Was sind die Ursachen von Krankheiten, warum gibt es in unserer zivilisierten und hoch entwickelten westlichen Welt so viele »Zivilisationskrankheiten«, die es in weniger entwickelten Ländern nicht gibt?

Es war ein Prozess, und er zog sich über mehrere Wochen. Am Ende fuhr ich mit Philipp, Jakob und Hannah über Silvester ins Riesengebirge. Tagsüber liefen wir Ski und fuhren Snowboard, abends saßen wir in unserer Hütte vor dem Kamin. Am Abend des 31. Dezembers gingen wir ins Restaurant. Wir bestellten gebackenen Camembert mit Preiselbeeren. Es sollte das letzte Mal sein, dass Hannah und ich Käse aßen.

Wir zelebrierten es. Dabei haben wir weder Jakob noch Philipp animiert oder gar gezwungen, künftig auch vegan zu essen. Kurz vor Mitternacht stiegen wir in meinen Mercedes-G-Klasse-Geländewagen und fuhren den Berg hinauf. Wir schossen Raketen in die Luft – und begrüßten das neue Jahr 2009 als Veganer.

Moskau – (k)ein Paradies

Im Dezember 2009 zog ich nach Moskau. Nach meinem Burn-out hatte man meine Aufgaben und meine Macht im Unternehmen immer mehr beschnitten. Ich ging weiterhin ins Büro, war aber auf der Abschussliste. Ich streckte selbst die Fühler aus, hörte mich nach anderen Jobs um. Aber ich spürte auch, wie ich mich entfremdete, wie ich immer mehr an dem System, nach dem ein großer Konzern funktioniert, zweifelte. Worin liegt der Sinn dieser massenhaften Produktion von immer neuen Gütern, der Verschwendung von Ressourcen? Warum reduzieren wir Menschen auf ihre Arbeits- und Kaufkraft?

Mitten in die Suche nach einer neuen Perspektive platzte die Nachricht, dass Daimler ein Joint Venture mit dem russischen Lkw-Hersteller Kamaz gründen wollte. Kamaz war in Russland Marktführer und suchte einen deutschen Partner. Die Daimler AG wollte sich auf dem dortigen Lkw-Markt besser positionieren und kaufte sich ein. Mir bot man die Geschäftsführung dieses neu zu gründenden Unternehmens an. Ich sollte das Werk aufbauen und später Produktion, Vertrieb und Service verantworten. Die Zentrale war in Moskau, aber die Niederlassung würde am Stammsitz von Kamaz entstehen, in Naberezhny Chelny, einer Industriestadt etwa 1000 Kilometer östlich von Moskau, am äußersten Rand Europas, umgeben von nichts als Wiesen und Matsch.

Ich zögerte nicht lange. Denn trotz meiner Zweifel: Der Job war eine einzigartige Herausforderung. Ich würde lügen, wenn ich behauptete, dass ich der Versuchung nicht erlag.

Drei Wochen später landete ich mit Hannah und unserem neugeborenen Kind auf dem Flughafen Domodedowo. Ein Fahrer empfing uns und fuhr uns ins Hotel. Als die Limousine am Kreml, dem Weißen Haus und der Christ-Erlöser-Kirche, am Bolschoitheater und der Lomonossow-Universität vorbeirollte, kamen Erinnerungen hoch. Meine Eltern waren beide Russischlehrer und begeistert von der Sowjetunion. Diese Begeisterung war früh auf mich übergesprungen. Zum ersten Mal war ich im Frühjahr 1980 kurz vor den Olympischen Spielen in Moskau gewesen, und seitdem hatte mich die Dynamik dieser Stadt fasziniert. Nun war ich seit 25 Jahren nicht mehr hier gewesen, doch ich fühlte mich sofort wieder zu Hause in dieser magischen Stadt.

Tagelang ließen wir uns, bei minus 24 Grad, durch Moskau fahren, auf der Suche nach einer Bleibe. Da ich Manager bei Mercedes war, rollte jeder Makler den roten Teppich vor mir aus. Vom Budget, das mein Vertrag fürs Wohnen vorsah, hätten wir einen Palast mieten können, und wir besichtigten Schlösser und Residenzen mit 800 Quadratmetern Wohnfläche und Häuser, in denen Wasserfälle über mehrere Etagen in die Tiefe stürzten. Wir fühlten uns wie Alice im Wunderland. Alles war so anders als in Deutschland. Alles war irgendwie unwirklich. Und trotz meiner Zweifel am System des Immer-mehr-und-immer-größer war ich empfänglich für die Pracht. Qua meiner Position und Macht gab man mir zu verstehen, dass ich wichtig war, ein ganz Großer, ein König! Man hofierte mich, und ich genoss es, durch all die Villen und Schlösser zu wandeln, in die ich, egal, was sie kosteten, sofort hätte einziehen können.

Am fünften Tag beschlossen wir, uns in einer Anlage am Rand der Hauptstadt ein Haus bauen zu lassen. Das Gelände hieß *Otrada,* was so viel wie »Erholung« bedeutet, und wurde bewacht wie Fort Knox. Hier lebten die Reichen und Schönen Russlands und viele Ausländer. Unser Nachbar war der Russlandchef von BMW. Es gab Pferdeställe und Reithallen, ein Fünfsternehotel, eine Eislaufbahn, Tennisplätze, Badeseen, eine Schwimmhalle, Saunen und einen Helikopterlandeplatz. Ich hatte schon einiges gesehen und erlebt, doch *Otrada* war *top of the world.* Es übertraf alles.

»Jan«, sagte Dimitrij, der Besitzer der Anlage und einer der hundert reichsten Männer Russlands. »Ich lasse dir das Haus deiner Träume bauen. Bis es fertig ist, wohnt ihr in meinem Hotel. Fünf Sterne, es wird euch an nichts fehlen!«

Das Leben im Hotel war äußerst komfortabel. Dimitrij umwarb mich wie einen Zaren, er lud mich zu Empfängen und Essen ein, mein Russisch wurde von Tag zu Tag besser, und ich freundete mich mit anderen Hotelgästen an. Und ich genoss es, vegan zu leben.

Das muss ich wohl ein bisschen erklären. Der Russe an sich ist ein Fleischesser. Zu jedem denkbaren Anlass gibt es Fleisch, selbst zu einem einfachen Wodka reicht man eine Schweineschwarte. Allerdings kann sich nicht jeder Fleisch leisten, schon gar nicht jeden Tag. Zudem fasten orthodoxe Russen von Februar bis Ostern. In dieser Zeit leben sie praktisch vegan – ohne Fleisch, ohne Milch, ohne Fisch, ohne irgendein tierisches Produkt. Das Fasten ist Teil des russisch-orthodoxen Glaubens, der sich seit dem Ende der Sowjetzeit wieder stark verbreitet. Für Veganer wie mich ist das Land also ein Paradies. In jedem Restaurant gab und gibt es – zumindest von Februar bis Ostern – eine vegane Speisekarte. Und auch außerhalb der Fastenzeit hat jeder Kellner und Koch Verständnis für eine vegetarische und vegane Lebensweise. Es ist sehr einfach, in Russland vegan zu leben. Zudem sind dort Obst und Gemüse sehr gesund. Russland ist eines der Länder mit dem höchsten Produktionsanteil an biologisch angebautem Obst und Gemüse. Sechzig Prozent der jährlichen Ernte entsprechen hohen Bio-Standards. Es wird nicht gesprüht, nicht gedüngt, die Bauern verwenden keine Pestizide, die natürlichen Fruchtfolgen werden eingehalten. Russisches Obst ist so gesund wie das aus Omas Garten. Zwar ist ein Bio-Apfel nach drei Tagen verschrumpelt – aber er ist noch ein echter Apfel!

Hinzu kommt, dass vor allem in den Großstädten wie Moskau und St. Petersburg viele Menschen mit sehr viel Geld leben. Sie schicken ihre Kinder auf Schulen in Europa und den USA, und von dort bringen die Jugendlichen einen modernen Lifestyle mit nach Hause, in dem Körperbewusstsein, Schönheit und eine gesunde Ernährung eine große Rolle spielen; nirgends auf der Welt habe ich mehr Schönheitssalons gesehen als in Moskau. Da die vegane Küche in New York, Los Angeles und London immer beliebter wird, ernähren sich also auch junge reiche und nicht orthodoxe Russen vegan. Der Veganismus ist in Moskau mindestens so verbreitet wie in Berlin.

Eines Tages nahm Dimitrij mich beiseite. »Am Wochenende wird es ein bisschen laut im Hotel«, sagte er und sah mich mit etwas undurchsichtigem Blick an. »Am besten, du bleibst auf deinem Zimmer.«

»Kein Problem«, sagte ich.

Am späten Sonnabendvormittag sah ich, wie draußen ein Bus vorfuhr. Eine Schar junger Mädchen stieg aus, 18, höchstens 20 Jahre alt und ziemlich attraktiv. Wie eine Schar Models auf dem Weg zum Fotoshooting. Nachmittags reiste eine Band an, und draußen im Garten wurde ein Grill aufgebaut. Abends trafen vier Limousinen ein, schwarze Mercedes-S-Klasse-Modelle. Fünf Männer stiegen aus, gefolgt von bewaffneten Leibwächtern. Irgendwann gingen wir ins Bett.

Mitten in der Nacht fuhr ich aus dem Schlaf. Ein Mann stand in unserem Zimmer, volltrunken und mit einem jungen Mädchen, das er auf unser Bett warf. Hannah schrie auf.

»Raus hier!«, brüllte ich.

Der Mann starrte mich an wie ein Gespenst. Dann packte er das halb nackte Mädchen und stieß es vor sich her aus dem Zimmer. Ich sprang auf und verriegelte die Tür hinter ihnen.

Am Tag darauf zog Dimitrij mich beiseite. Sein Blick flackerte, und er war kreidebleich. »Eine Katastrophe«, stammelte er. Es dauerte eine Weile, bis er mit der Geschichte herausrückte: Die fünf Männer hatten das gesamte Hotel gebucht. Sie waren Manager einer Öl- und Gasfirma, Geld spielte keine Rolle, wenn sie wilde Partys feierten. Doch ich hätte ihnen niemals begegnen dürfen.

Mich schockierte vor allem die Dekadenz.

Inzwischen hatte ich mich auch mit einigen Angestellten in *Otrada* angefreundet. Anfangs waren sie misstrauisch gewesen. Mit der Zeit begannen sie mir zu vertrauen, auch weil ich inzwischen fließend Russisch sprach. Ich erfuhr, dass das Personal in Abbruchhäusern und Baracken lebte, viele teilten sich zu zehnt ein Zimmer, ohne Toiletten und fließendes Wasser, im Innenhof gab es ein vereistes Plumpsklo. Wie Hühner in einer Legebatterie, dachte ich, die Lipizzaner drüben in den Reitställen werden besser behandelt. Viele der Kellner, Köche und Zimmermädchen schufteten von früh bis spät, für 500 Euro im Monat. Sie waren wütend auf die reichen Leute, die sie bedienen mussten, und verachteten sie. Sie taten mir leid. Als ich dann auch noch sah, wie junge Mädchen feisten Geldsäcken zugeführt wurden wie eine beliebige Ware, wurde mir vollends übel. Einige wenige auf dieser Welt konnten sich mit viel Geld alles kaufen – andere prostituierten sich und hatten trotzdem kaum genug zum Leben. Auf dieser auf Hochglanz polierten Insel des Wohlstands lebten Menschen in unvorstellbarem Luxus, an ihren Rändern hausten andere unter unwürdigen Bedingungen. Auch sie waren freie Menschen – doch ihre Armut zwang sie, sich wie Tiere behandeln und ausbeuten zu lassen.

Wir gingen mit Menschen nicht anders um als mit Tieren.

Und vielleicht hing das auch alles zusammen – die weltweite Armut, die Ausbeutung von Menschen, das Halten von Tieren unter inakzeptablen Bedingungen?

Ich schämte mich. Bald würde ich mit meiner Familie in einem 200-Quadratmeter-Haus leben, die Terrasse komfortabel im eigenen Wald gelegen. Ich würde 12 000 US-Dollar Miete im Monat bezahlen, ohne mit der Wimper zu zucken. Ich begann, die Kaste der Wohlhabenden und Reichen, zu der ich selbst gehörte und zu der ich lange Zeit mit allen Mitteln hatte gehören wollen, zu verachten.

Heute im Rückblick denke ich, dass sich damals die Idee in mir formte, auszusteigen und etwas völlig anderes zu machen. Tagsüber berechnete ich Budgets, bewegte Millionen und schmiedete Allianzen, um meinem Arbeitgeber den größtmöglichen Nutzen zu verschaffen. Ich stellte Menschen ein, die für wenig Geld arbeiten und einen Konzern und seine Shareholder reicher machen sollten. Nachts lag ich dann im Bett und sehnte mich nach einer Tätigkeit, die ich mit meinen Werten und Vorstellungen von einer besseren Welt für alle vereinbaren konnte. Nach etwas, das meinem Leben wirklich einen Sinn gab.

Rohköstler sind energetischer, oder wie ich ein neues Werk aus dem Boden stampfen soll

Wenn ich von Moskau nach Naberezhny Chelny flog, hockte ich in alten Jakowlev Jak-42 und Tupolew-Maschinen, die noch aus dem Zweiten Weltkrieg stammten. Es gab nicht einmal einen Flughafen, wir landeten auf einem Rollfeld inmitten von Matsch und Wiesen. Als Westeuropäer fühlt man sich in Moskau recht aufgehoben. Je näher man dem Ural kommt, umso fremder wird einem die Welt.

In Naberezhny Chelny lebten 500000 Menschen. Wobei »leben« nicht das richtige Wort ist, viele vegetierten vor sich hin. Sie arbeiteten in dem russischen Lkw-Werk oder für Zulieferfirmen und hausten in tristen Neubauten, die lieblos hochgezogen wurden, auf wenig Raum, ohne jeden Komfort. Die ganze Stadt glich einer Betonwüste und existierte nur wegen der Lkw-Fabrik. Der Altersdurchschnitt betrug 34 Jahre. Es gab keine Kultur, keine Freizeitangebote. Das beliebteste Freizeitangebot – und größte Problem – war der Wodka.

An meinem ersten Arbeitstag stand ich in einem leeren Büro in einem leicht maroden Gebäude. Es gab keine Heizung und nicht einmal einen Computer. Wenn ich aus dem Fenster schaute, sah ich die alte Baracke, die möglichst bald die neue Produktionshalle unseres Joint Venture werden sollte. Wo in neun Monaten die ersten Lkws vom Band rollen sollten. Und ich hatte nicht die geringste Ahnung, wie. Geschweige denn von Produktion. In Berlin hatte man nur gesagt: Bredack, mach mal, das schaffst du schon.

Ich krempelte die Ärmel hoch. Ich beauftragte ein Bauunternehmen. Ich stellte Arbeiter ein; sie würden kaum mehr verdienen als die Angestellten in *Otrada* und waren darauf angewiesen, nach Schichtende einen zweiten Job anzunehmen, Taxi zu fahren oder als Aufpasser vor dem örtlichen Supermarkt zu stehen. Die Halle, die wir ausbauten, war eisig kalt. Es stank nach Diesel und Abgasen. Die Luft war schwarz, manchmal sah man die Hand nicht mehr vor Augen. Die deutschen Werkplaner weigerten sich, darin zu arbeiten.

Doch mein Budget war begrenzt. Anders als bei meiner persönlichen Unterbringung musste ich beim Aufbau des Werkes scharf rechnen. Ich beugte mich den Vorgaben aus der Konzernzentrale und hielt die Klappe. Darum habe ich die schlechten Arbeitsbedingungen für meine Mitarbeiter vor Ort mit zu verantworten. Heute schäme ich mich dafür.

Die Bauarbeiten kamen voran. Unter anderem errichteten wir auch eine Lackiererei. Als sie fertig war, funktionierte die Entlüftung nicht. Auch die Belüftung funktionierte nicht. Nichts entsprach westlichen Standards, alles war schnell hochgezogen und irgendwie hingefummelt. Drei Tage nachdem wir mit der Arbeit begonnen hatten, hatte einer unserer Lackierer Ausschlag am ganzen Körper. Bald darauf war er richtig krank. Nun endlich stellte ich mich auf die Hinterbeine. Im Konzern setzte ich durch, dass eine Lackiererei nach neuesten europäischen Standards gebaut wurde, auch wenn dies den Investitionsrahmen sprengte. Es war das erste Mal, dass ich selbstbewusst menschliche Interessen über die wirtschaftlichen Interessen des Konzerns stellte.

In Russland habe ich viele Beispiele eines menschenverachtenden Kapitalismus kennengelernt. Eine Taxifahrerin bot mir Sex an, weil sie Geld brauchte, um Essen für ihr Kind zu kaufen. Ich traf Menschen, die bereit waren, alles zu tun, um zu überleben. Das moderne Russland hält uns aber nur einen Spiegel vor Augen – der Kapitalismus ist hier unverblümter, grausamer als in Europa. Doch grundsätzlich anders funktioniert er inzwischen im Rest der Welt auch nicht.

Nach neun Monaten stand die neue Produktionshalle. Zur feierlichen Einweihung reiste der halbe Kreml an. Scharfschützen lagen überall, alles war sauber, hell und frisch gestrichen, und kurz vorher wurde noch einmal gründlich gelüftet. Typisch Osten, dachte ich, zur Parade wird alles poliert und auf Hochglanz getrimmt.

In der Konzernzentrale stand ich wieder dicke da. Innerhalb eines Dreivierteljahres hatte ich aus dem Nichts ein Werk aus dem Boden gestampft. Täglich liefen Lkws vom Band – und Daimler konnte der Welt verkünden, dass man neben Indien, Brasilien und China auch in Russland einen weiteren wichtigen Zukunftsmarkt erschlossen habe. Eine prima Show. Wie es hinter den Kulissen aussah, spielte keine Rolle.

Als die Offiziellen und die Scharfschützen wieder abgereist waren, flog ich nach Moskau. Ich hatte Geburtstag, ich wurde 39 Jahre alt. Ich gab eine Party. Eine Smoothie-Party. Meine Mitarbeiter hatten sich immer gewundert, dass ich mit zwei Literflaschen geheimnisvoller grüner Flüssigkeit ins Büro kam. Bis heute ist es mein morgendliches Ritual, mir einen frischen Smoothie aus den folgenden Zutaten zuzubereiten: 2 Orangen, 1 Zitrone, frischer Ingwer, 2 Äpfel, 2 Bananen, frisches Moringa Pulver, Ginko Pulver, Maka Pulver, 1 Esslöffel Kokosöl sowie frische Wildkräuter oder Spinat.

An diesem Tag also brachte ich einen Mixer mit, frisches Obst und Gemüse. Ich hielt einen kurzen Vortrag über Smoothies und vegane Ernährung. Dann warf ich den Mixer an und nahm ein paar dicke Sträuße Minze, Kokosnüsse, Spinatblätter, Datteln, Orangen, Kiwis und Zitronen.

»Wie in der Südsee«, sagte meine Sekretärin.

Zwischen Sekt und Coca-Cola – beides hatte ich natürlich

auch gekauft – baute ich die frisch gemixten Obstsäfte auf. »Bitte, das Büfett ist eröffnet!«

Eher zögernd griffen einige nach den bunten Getränken. Üblicherweise wird bei Feiern in Russland Wodka serviert oder, in den besseren Kreisen, Champagner. Und natürlich kommt Fleisch auf den Tisch. Stattdessen hatte ich vegane Pizza bestellt. Ich glaube, einige meiner Mitarbeiter hielten mich für einen durchgeknallten Spinner. Andere probierten die Smoothies und die Pizza und lobten sie.

Zu dieser Zeit war ich überzeugter Rohköstler. Ich lebte von Tomatensuppen, Obst und Gemüsesäften, von Rohkostkäse und selbst dehydriertem Rohkostbrot aus Leinsamen. Ich fühlte mich gut wie nie zuvor in meinem Leben. Bis heute habe ich Phasen, in denen ich mich ausschließlich von Rohkost ernähre. Einige Wochen oder Monate im Jahr esse ich ausschließlich Obst und Gemüse. Zwar bekommt man nicht überall ein reines Rohkostessen, aber die Mühe nehme ich auf mich. Es macht mir nichts aus, denn ich fühle mich gut dabei – so wie andere, wenn sie fasten oder in einen Yoga-Retreat gehen. Dann wieder gibt es Phasen, in denen ich Smoothies nicht mehr sehen kann und die grünen Dinger einfach nicht runterkriege. Dann steige ich um auf Fast Food, auf Pizza und Burger, natürlich vegan, aber mit ebenso viel Weizen und Kohlenhydraten – auch veganes Fast Food ist, in Mengen gegessen, nicht besonders gesund. Irgendwann ist wieder Schluss, und ich steige um auf Rohkost, reinige meinen Körper und entgifte mein System. Anfangs verschlechtert sich das Hautbild, doch bald wird es jeden Tag reiner und strahlender. Meine Augen leuchten, mein Haar glänzt. Ich fühle mich dynamisch und voller Energie, auch meine Wirkung auf die Außenwelt ist eine andere, ich platze vor Elan und Lebensfreude. Ich brauche wenig Schlaf und wache trotzdem morgens erholt auf. In Rohkostphasen werde ich nie krank. Ich fühle mich großartig und wünsche mir, dass dieser Zustand nie wieder aufhört. Es ist, als wäre ich auf Droge. Mit jeder Faser meines Körpers spüre ich, dass Ernährung der Schlüssel zum Wohlbefinden ist. Ich finde, Rohköstler und Veganer sind ruhiger und ausgeglichener und energetischer. Eine Aura von Energie und Glück umgibt sie, etwas, was man nicht vortäuschen oder sich mittels seiner gedanklichen Kraft einbilden kann. So eine Ausstrahlung wirkt nur, wenn sie echt ist. Und dann steckt sie andere Menschen an.

Obwohl es mir zu dieser Zeit also körperlich sehr gut ging, stand für mich fest, dass ich bei Mercedes nicht mehr allzu alt werden würde. Seit dem Burn-out war ich nicht mehr verbissen auf Karriere fixiert. Ich würde meinen Vertrag in Moskau und Naberezhny Chelny erfüllen. Doch danach musste es eine Veränderung geben. Ich spürte, dass meine Zweifel immer größer wurden, wie es mich immer mehr anstrengte, meine Rolle in dem großen Gefüge zu spielen. Ich malte mir eine andere, eine neue, bessere, sinnvollere Existenz aus – frei von alten Zwängen. Etwas, in dem sich die Veränderungen in meinem Leben, die neuen Überzeugungen und Werte widerspiegelten.

Wenn ich geschäftlich unterwegs war, besuchte ich in jeder Stadt vegane Restaurants und Imbisse. Doch weder in Russland noch in Deutschland fand ich welche, die mich wirklich ansprachen. Was mir vorschwebte, war eine vegane Wohlfühloase mit Smoothie-Bar, Tees aus aller Welt, Cocktails ohne Alkohol und einem Restaurant mit veganer Speisekarte. Ich malte mir aus, so eine Oase zu eröffnen. Ich würde sie *Tieteim* nennen, also eine eingedeutschte englische Teestunde. Ein großer Raum, der durch eine lange Schleuse von der Straße und allem Lärm getrennt war, in dem man zur Ruhe kommen konnte. Im Zentrum wäre eine große Tee-Bar, und darum herum würde es auf vier Ebenen einen afrikanischen, einen asiatischen, einen amerikanischen und einen europäischen Bereich geben. In jedem würde man anders sitzen, mal auf Stühlen, mal auf Hockern, mal im Sand, oder in Hängematten liegen. Serviert würden Speisen und Getränke aus den jeweiligen Regionen, gesund und vegan, ohne dass ich das so nannte. Ich wollte nichts Besonderes, nichts Exklusives, nichts Trennendes, sondern eine echte Oase für alle, in der die Leute mal richtig runterkommen und in der sie das Erlebnis gesunden Essens entdecken konnten. Eine Oase, in der sie Erfahrungen machten, die sie begeistern würden.

Im Internet sicherte ich eine Domain auf den Namen *Tieteim.* Dann schrieb ich einen Businessplan. Der Standort würde Berlin sein, und als ich das nächste Mal in der Hauptstadt zu tun hatte, traf ich mich mit einem System-Gastronomen. Er machte mir klar, dass mein Plan so nicht umzusetzen war – zu teuer, zu wenig Rendite. Ich musste mein schönes Konzept wieder verwerfen.

Doch es dauerte nicht lange, bis ich die nächste Idee hatte. Ein paar Tage später, beim Einkaufen im Supermarkt, als ich wieder die klein gedruckten Angaben von Inhaltsstoffen auf den Verpackungen las, sprang sie mich an: Viele vegane Lebensmittel bestellte ich im Internet – wie viel einfacher wäre es, sie in einem entsprechenden Geschäft kaufen zu können! Jemand musste eine Art Bioladen für Veganer eröffnen.

Jemand?

Wieder in Moskau, machte ich meine Arbeit und bastelte an einem neuen Konzept. Der Markt sollte anders sein als die üblichen Biomärkte – ich dachte in Richtung Tante-Emma-Laden mit coolen Produkten und persönlicher Beratung.

Beim nächsten Besuch in Berlin suchte ich im Prenzlauer Berg nach einem passenden Laden. In der Schivelbeiner Straße stieß ich auf ein Haus im Rohbau – am Bauzaun hing ein Schild: *Hier entsteht das erste Ökohaus Berlins mit Wohnungen und einer Gewerbeeinheit.* Ich hatte keine Ahnung – aber ein Bild im Kopf. Ein Bild von meinem veganen Lebensmittelladen. Ich war nicht mehr so reich wie in meinen besten Zeiten, besaß aber immer noch genug Geld. Ich notierte die Telefonnummer der Maklerin und rief sie an.

»Schicken Sie mir ein Konzept«, sagte sie, freundlich, aber geschäftsmäßig. Doch mein Konzept existierte hauptsächlich in meinem Kopf. Im Internet suchte ich nach Ladenbauern. Einer antwortete auf meine Mail. »Mit Bioläden kenne ich mich aus«, schrieb er, »fast alle in Berlin habe ich gebaut.«

Wir trafen uns. Er erklärte mir die Grundzüge der Branche, von der ich keinerlei Ahnung hatte. Er nahm mich an die Hand, und gemeinsam planten wir meinen ersten Markt. Da die Gewerbefläche 250 Quadratmeter umfasste, wurde aus meinem Tante-Emma-Laden doch ein Supermarkt, in den wir allerdings ein Café und ein Bistro mit Saftbar integrierten. Das fertige Konzept schickte ich der Maklerin. Sie sprach mit dem Bauherrn, einem führenden Solarunternehmer. Er rief mich an. »Die Idee gefällt mir«, sagte er, »ein veganer Supermarkt passt gut ins Ökohaus.«

Plötzlich bekam alles eine rasante Eigendynamik. Ich geriet unter Druck – was sollte ich eigentlich in die Regale stellen? Welche Produkte kamen überhaupt infrage?

Was zum Teufel tat ich da eigentlich?

Die Tage sind gezählt

Ich pendelte zwischen Moskau und Berlin, baute in Russland ein internationales Joint Venture und in Deutschland den ersten veganen Supermarkt auf. Das konnte nicht lange gut gehen.

Als ich an meine Grenzen stieß, schaltete ich in einem veganen Internetforum eine Stellenanzeige. *Mache veganen Supermarkt auf, suche Leute, die mich unterstützen.* Drei Frauen, frisch von der Uni, meldeten sich. Ich stellte sie ein und bezahlte sie erst einmal von meinem eigenen Geld. Mit ihren Laptops trafen sie sich in meiner Berliner Wohnung und recherchierten weltweit vegane Sortimente. Wir flogen nach Nürnberg, nach Skandinavien und nach Los Angeles und besuchten Messen für Lebensmittel und Bioprodukte. Wir entdeckten unendlich viele vegane Produkte – Fleisch- und Wurstersatz, Käse ohne Kuhmilch, Süßigkeiten ohne Gelatine, Getränke, Kosmetika. Wir probierten, was man überhaupt nur essen konnte, legten eine Datenbank mit Produkten an und hatten bald ein umfangreiches Sortiment zusammengestellt. Viel zu umfangreich, viele Dinge mussten wir wieder aussortieren. Ich kaufte ein Warenwirtschaftssystem. Dabei hatte ich noch nicht einmal einen Mietvertrag. Ich hatte nicht einmal eine Firma gegründet. Ich war verrückt und voller Euphorie. Einige Lieferanten schüttelten nur den Kopf.

Ich war öfter in der Luft als am Boden. Es war ein extremes Leben, doch als Triathlet war ich Extreme gewöhnt. Ich fand es cool, beide Herausforderungen parallel zu managen. Und weil ich mich überwiegend von Rohkost ernährte, hatte ich auch die nötige Energie. An manchen Tagen flog ich morgens nach Moskau, nach der Arbeit zu einem Termin in Berlin und am nächsten Morgen wieder nach Moskau. Zwischendurch die Kleinigkeit von 1000 Kilometern in einer Tupolew nach Naberezhny Chelny, um die Lkw-Produktion zu überwachen und mich vor Ort um Service und Vertrieb zu kümmern.

Wenn ich nicht unterwegs war, schrieb ich Businesspläne, kontaktierte Banken und rief meinen alten Controller von Daimler an, den ich vor Kurzem in den Vorruhestand geschickt hatte. Einen Supermarkt zu betreiben war noch viel komplexer, als ein Restaurant zu führen. Vor allem war es eine sehr kapitalintensive Sache. Zwar brachte ich Eigenkapital mit, doch allein würde es nicht reichen. Alle Banken waren von meiner Idee sehr angetan. Sie wussten, ich war Manager bei Mercedes und Betriebswirtschaftler, ich konnte mit Zahlen umgehen und verkaufen. Trotzdem wollte niemand die Finanzierung übernehmen, solange ich noch in Moskau und Naberezhny Chelny arbeitete.

»Herr Bredack, wir trauen Ihnen zu, den Laden aufzubauen. Aber Sie haben einen Job in Moskau – wie wollen Sie das beides gleichzeitig schaffen?«

Ich bot an, einen Filialleiter einzustellen und dreimal pro Woche selbst vor Ort zu sein. Bei sechs Banken schüttelte man höflich den Kopf. Ich war sauer. Ich brauchte das Kapital. Schließlich fand ich eine interessierte Bank, aber auch dort gab man mir zu verstehen, dass man es nicht finanzieren würde, solange ich zwei Jobs gleichzeitig machte. »Allerdings«, sagte der Banker, »wenn Sie eine Bürgschaft der Bürgschaftsbank vorlegen können, dann würden wir finanzieren.«

Bei der Bürgschaftsbank zu Berlin-Brandenburg zog man mich aus bis aufs letzte Hemd. Akribisch prüfte man meine Unterlagen, hinterfragte jede Zahl, jeden Posten, jedes Detail, stundenlang musste ich Rede und Antwort stehen. Dieser Banker hatte in der Branche den Ruf eines Steuerprüfers. Wenn er ein Projekt vorschlug – und er würde mein Projekt vor einem Gremium aller Berliner Banken vertreten müssen –, so vertraute man ihm.

Es vergingen Wochen, in denen ich nichts hörte. Wenn ich anrief, wurde ich vertröstet. Ab und zu wurde mir mulmig – doch ich hatte mich längst viel zu tief in dieses Abenteuer gestürzt. Zum Aussteigen war es zu spät.

An einem diesigen Montagmorgen stieg ich ins Flugzeug nach Moskau, als eine Nachricht der Bank kam: *Wir finanzieren Ihr Vorhaben.* Doch noch bevor das Flugzeug abhob, stellte ich auf meinem Blackberry fest, dass die Bank aus Versehen einen Businessplan, der auf falschen Zahlen basierte, bei der Bürgschaftsbank eingereicht hatte. In der Rechnung fehlten 90 000 Euro. Die brauchte ich aber dringend. Noch auf der Startbahn rief ich den Banker an. Er versprach mir einen Überbrückungskredit.

Nun stand meine Finanzierung.

In den Wochen und Monaten danach hatte ich aber noch mit vielen Schwierigkeiten zu kämpfen. Ich war überrascht von den hohen Überziehungszinsen, mit denen ich nach dem Gespräch mit der Bank nicht gerechnet hatte. Anfangs wusste ich nicht einmal, wie ich die Löhne meiner Mitarbeiter bezahlen sollte. Doch die Bank zeigte sich schließlich bei der Wiedergutmachung des Schadens sehr kulant.

Ein Start-up-Unternehmen zu gründen ist nicht leicht. Man ist monatelang mit der Finanzierung beschäftigt und stößt auf viele Widerstände. Aber man sollte nicht aufgeben, wenn man an eine Idee glaubt. Sich von Vorschriften, Regeln und Institutionen nicht einschüchtern lassen. Ich habe nicht aufgegeben, und schließlich konnte ich Deutschlands ersten veganen Supermarkt, Veganz im Ökohaus in der Schivelbeiner Straße in Berlin, eröffnen.

Obwohl ich zu der Zeit noch in Moskau arbeitete.

Im März 2011 besuchte mich ein Kollege aus der Konzern-spitze. Er war für ein paar Tage zu Besuch in Moskau, und ich arrangierte ein Abendessen mit dem Präsidenten von Mercedes-Benz Russland und einem weiteren Kollegen. Zu viert fuhren wir mit einem Ausflugsschiff die Moskwa hinunter. Zum Dinner bestellten die Herren Kaninchen, Steaks und Kaviar. Ich erklärte der Kellnerin, was ich nicht essen wollte, und orderte einen Salat mit Oliven. Die anderen hörten verblüfft zu. Und dann geschah etwas Ungewöhnliches – anstatt über Märkte, Absatzzahlen und Bilanzen zu sprechen, wie es bei einem solchen Treffen üblich gewesen wäre, entwickelte sich ein hitziges Gespräch übers Essen. Ich erzählte, was es mit der veganen Lebensweise auf sich hatte, die sich ja nicht darauf beschränkt, keine tierischen Produkte zu sich zu nehmen, sondern grundsätzlich keine Tiere auszubeuten, also auch bei Kleidung, Wohnen und in anderen Bereichen des Alltags keine Gegenstände tierischen Ursprungs zu nutzen. Wir quasselten uns durch die Jahrhunderte; wir holten aus bis zur Steinzeit – eine spannende Unterhaltung, in sehr lockerer Atmosphäre. Ich war überrascht, schließlich diskutierte ich nicht jeden Tag mit dem Vorstand eines internationalen Konzerns darüber, was ich gerne zu Mittag aß. Doch obwohl meine Kollegen durchaus skeptische Fragen stellten, hatte ich das Gefühl, dass sie meine Haltung respektierten. Auch noch, als ich meine ethischen Bedenken gegenüber dem Kapitalismus darlegte. Sie schüttelten ab und zu die Köpfe, doch sie begegneten mir nicht mit grundsätzlicher Ablehnung. Also redete ich weiter und hielt ein flammendes Plädoyer für den Veganismus.

Als das Schiff wieder anlegte, bedankten sie sich. »Bredack«, sagte der Vorstandsmann, »wenn ich Ihnen so zuhöre, glaube ich nicht, dass Sie noch lange bei uns sein werden.«

Ich wurde rot. Ich spürte einen kurzen, scharfen Stich in der Magengegend. Wusste er, dass ich längst mein eigenes

Unternehmen aufbaute? Aber woher? Ich hatte mit niemandem im Konzern darüber geredet. Ehe ich weiter überlegen oder gar etwas sagen konnte, schüttelte er mir die Hand. Ich begleitete ihn zu seinem Taxi. Ich mochte den Mann. Er hatte einen scharfen Verstand und war innerhalb des Unternehmens als harter Hund verschrien, doch ich kam gut mit ihm aus. Vielleicht wusste er auch gar nichts – vielleicht hatte er nur begriffen, wie sehr mir eine ethische Lebensweise am Herzen lag.

Im Rückblick denke ich, dass der Mann damals scharfsichtiger war als ich. Er verstand, dass sich das Leben, nach dem ich mich sehnte, auf Dauer nicht mit den Regeln und Notwendigkeiten, die in einem großen Konzern gelten, vereinbaren ließ. Mir selbst war das damals noch nicht so klar. Ich ging noch immer davon aus, dass ich meinen Vertrag zu Ende erfüllen und mich dann langsam aus der Welt des Großkapitals zurückziehen würde.

Ich sollte mich täuschen.

Die Vertreibung aus dem Paradies

Je näher der Eröffnungstermin des Veganz-Supermarktes rückte, desto mehr merkte ich, dass meine Präsenz in Berlin absolut erforderlich war.

Mein Sohn Philipp ist Autist. Ich hatte ihn mit nach Moskau genommen, und dort ging er in die deutsche Schule. Die Direktorin – wir stellten überrascht fest, dass wir früher in Berlin fast Nachbarn gewesen waren – nahm meinen Jungen trotz seiner Krankheit auf. Anfang 2011 teilte sie mir aber mit, dass Philipp nicht länger auf der Schule bleiben konnte, weil er dort nicht mehr optimal betreut werden konnte. Ich sprach mit meinem Vorstand und flog nach Deutschland, um ein Internat für Philipp zu suchen. Doch ich fand nichts Geeignetes. Im Juni ließ ich mich, abgesegnet vom Vorstand, beurlauben und reiste mit meinem Sohn nach Hause. Ich suchte weiter nach einer guten Schule, und schließlich fand ich eine. Und ich arbeitete weiter für meine eigene Firma.

Am 23. Juli 2011 eröffnete Veganz. Das Echo in der Öffentlichkeit war riesig. Im Netz hatte sich die Nachricht schnell verbreitet, die vegane Szene jubelte, die Kunden rannten uns die Bude ein, die Medien standen Schlange. Ich gab ein Interview nach dem anderen, präsentierte, organisierte, beriet, verkaufte. Ich stand zwanzig Stunden im Laden und wusste: Hier komme ich eigentlich gar nicht mehr weg. Zweimal flog ich noch nach Moskau, doch unter den gegebenen Bedingungen konnte und wollte ich den Job in Russland nicht mehr machen. Selbst als Superrohköstler hatte ich nicht die nötige Kraft. Daimler bot mir an, meinen Vertrag in Moskau aufzulösen.

Doch ich beschloss, einen richtigen Schnitt zu machen, und bat um die Auflösung meines Vertrages bei Daimler in Deutschland. Ich wollte es in vernünftigem Rahmen und mit einem klassischen goldenen Handschlag hinter mich bringen und verhandelte mit mehreren Stellen. Doch jedes Mal, wenn ich in die Berliner Niederlassung kam, waren die Zeitungsstapel mit Berichten über Veganz auf den Tischen gewachsen. Es war für mich nicht gut, dass in den Artikeln mein Name genannt wurde. Das schmälerte meine Aussichten auf ein finanzielles Entgegenkommen.

Am Ende bekam ich aber trotzdem eine recht gute Abfindung. Ich werde nicht sagen, wie hoch sie war, aber für meine Kreise waren es die berühmten *Peanuts,* wie der frühere Vorstandschef der Deutschen Bank, Hilmar Kopper, es formuliert hatte. Faktisch habe ich von dem Geld nichts gesehen. Es floss bis zum letzten Cent in das neue Unternehmen.

Es war der letzte Schritt eines langen Abnabelungsprozesses, der mit meinem Burn-out begonnen hatte.

In *Otrada* war ich anfangs wie ein König hofiert worden. Das änderte sich, kaum dass ich meinen Posten los war.

Nachdem ich meinen Vertrag aufgelöst hatte, mussten wir unser Haus räumen. In Berlin beauftragte ich ein Umzugsunternehmen, das die Möbel holen sollte. Dann flogen Hannah und ich zurück nach Moskau. Über Daimler arrangierte ich, dass mein ehemaliger Fahrer uns am Flughafen abholte. Wir kamen spät nachts an. Am Tor zum Gelände, an dem man uns ja bestens kannte und stets mit serviler Verbeugung begrüßt hatte, wollte man uns nicht reinlassen. Ich telefonierte; schließlich hatte ich unsere Ankunft angekündigt. Irgendwann ging der Schlagbaum hoch. Man sagte mir, ich solle mich an der Hotelrezeption melden.

Dort standen die Angestellten, mit denen ich mich immer gut verstanden hatte. Sie sahen verunsichert aus und eingeschüchtert. Eine Frau sagte, wir könnten nicht in unser Haus, wir müssten im Hotel übernachten, alles Weitere würden wir morgen früh erfahren.

»Ich kann nicht in mein eigenes Haus? Für das ich immer noch Miete zahle, immerhin 12 000 Dollar im Monat?«

Sie zuckte mit den Schultern.

Nachdem wir uns im Hotel eingerichtet hatten, machte ich mich auf den Weg zu unserem Haus. Der Haustürschlüssel passte nicht – jemand hatte das Schloss ausgetauscht. Durch die dunklen Fenster spähte ich nach drinnen und sah, dass alle Räume leer waren. Man hatte unser Zuhause in unserer Abwesenheit komplett leer geräumt. Ich konnte es nicht fassen. Wo waren unsere Möbel? Morgen früh um sieben Uhr würde der Spediteur vorfahren.

Ich ging zurück zum Hotel.

Die ganze Nacht über konnte ich nicht schlafen.

Am anderen Morgen lief ich übers Gelände und suchte jemanden, der mir all das erklären konnte. Die Frau von der Rezeption brachte mich zu Dimitrijs Büro. Dort sagte man mir, er sei nicht da; dabei hatte ich seinen Porsche auf dem Parkplatz gesehen. Dimitrij, der gute Freund Dimitrij, der sich schon in der Nacht von seinem Pförtner hatte entschuldigen lassen, ließ sich verleugnen. Er weigerte sich, mit mir zu reden, ließ mich gar nicht erst vor. Stattdessen erschien kurz darauf ein Anwalt. Er legte mir ein Schreiben vor, das ich unterschreiben sollte. Darin stand, man habe mir meine Möbel übergeben, der Mietvertrag sei ordentlich aufgelöst worden. Ich war wütend und fühlte mich vollkommen hilflos.

»Hinter den Villen«, sagte der Anwalt mit feinem Lächeln, »bei den Teichen in der Nähe des Klettergartens steht eine alte Garage. Gehen Sie mal vorbei.« Dann wischte er einen Fussel von seinem Revers und ging.

Eine Weile wartete ich vor der Garage.

»Kannst du dir das erklären?«, fragte Hannah, zitternd und übernächtigt, unsere Tochter auf dem Arm. Ich zuckte mit den Schultern und nahm die beiden in den Arm.

Schließlich tauchten ein paar Männer auf, sie sahen aus wie in einem schlechten Mafia-Film. Einer öffnete das Tor. Drinnen in der Garage war es dunkel und feucht. Mitten im Dreck standen unsere Möbel – teure Stühle, empfindliche elektronische Geräte, das Spielzeug meiner Kinder, nicht einmal notdürftig verpackt, nur ein paar Kleinigkeiten hatte man wahllos in Plastiktüten gestopft.

Es war gruselig.

Als der Spediteur kam, schüttelte er den Kopf. »So können wir die Sachen nicht mitnehmen. Um sie aus Russland auszuführen, müssen sie in Kisten verpackt sein. Außerdem brauchen wir eine detaillierte Ausfuhrliste.«

Jetzt brach Hannah in Tränen aus.

Während es draußen zu schneien begann, fingen wir an zu packen. Dabei fiel mir auf: Es fehlte eine ganze Menge. Ich vermisste meinen Mac-Bildschirm, die teuren Mixer, ohne die ein Rohköstler verloren ist, den edlen Teekocher – alles weg.

Ich rief die Polizei, telefonierte mit Daimler und erreichte über die Anwälte dort, dass der Hausmeister, der stets einen Bückling gemacht hatte, mich endlich in mein Haus ließ. Dort standen noch ein paar Möbel, Lampen hingen an den Decken. Von den teuren technischen Geräten keine Spur. Der Hausmeister behandelte mich wie einen heruntergekommenen Verbrecher.

Irgendwann kam die Polizei. Die Beamten liefen ein bisschen umher, dann verschwanden sie wieder. Dimitrij war eben bestens vernetzt. Ich stand vor dem Umzugswagen und schrie vor Wut.

Hannah schluchzte. »Ich fahre nicht, bevor wir unsere Sachen wiederhaben.«

»Wie soll ich das machen?« Ich wollte nur noch weg. Dabei musste ich mich auch noch um die notariell beglaubigte Abmeldebescheinigung unseres Vermieters kümmern.

Plötzlich kamen von überall her Arbeiter. Wie bei einem Sternmarsch liefen sie auf die Garage zu, und jeder trug etwas unter dem Arm. Der eine den Mac-Bildschirm. Der andere ein TV-Gerät. Jeder brachte zurück, was er sich unter den Nagel gerissen hatte. Heute kann ich ihnen, die ja nichts besaßen, nicht mal böse sein.

Aus der schönen heilen Hochglanzwelt waren wir abgestürzt ins Nichts. So geht das, wenn man im System nicht mehr mitspielt. Bei aller Freundlichkeit, die man uns entgegengebracht hatte, war es nie um uns als Menschen gegangen. Sondern um meine Position. Um die damit verbundene – geliehene – Macht. Sogar die Angestellten, mit denen ich mich gut verstanden hatte, ließen mich fallen. Sie hätten ihre Jobs riskiert, wenn sie es nicht getan hätten.

An diesem Tag zeigte das System seine hässlichste Fratze. Das war wichtig. Es bestärkte mich, mit meinem alten Leben abzuschließen – einem Leben, in dem ich als Mensch keine Rolle gespielt hatte. In Russland zeigt sich der Kapitalismus besonders hart und brutal. Deine Schulterklappen sind weg? Dann bist du ein Wurm. Sobald man dem System und seinen Funktionären nichts mehr nützt, lassen sie einen gnadenlos fallen. In Deutschland, dachte ich, ist das Gott sei Dank etwas anders.

Anders?

Nein, eigentlich ging es hier nur etwas subtiler zu. Bei meinem offiziellen Abgang im Konzern einige Wochen später ließ man mich genauso fallen. Mitarbeiter, Kollegen, Vorgesetzte, denen ich im Foyer und auf den Fluren begegnete, unterwegs zu meinen letzten Terminen, gingen mir aus dem Weg. Wer nicht schnell genug war, murmelte: »Wir sehen uns«, und: »Lass uns mal einen Kaffee trinken.« Sie hatten mich vor einer Weile noch angelächelt, mir Gespräche aufgedrängt. Nun suchten sie das Weite, als hätte ich die Beulenpest. Okay, ich hatte es genauso gemacht – auch ich hatte jahrelang bestimmte Kontakte gepflegt und andere Mitarbeiter fallen gelassen. In unserem auf Nutzen und ständige Gewinnmaximierung ausgerichteten System ist man ein Rädchen im Getriebe. Wer nicht funktioniert, fliegt raus. Die meisten Menschen opfern einen Großteil ihrer Lebenszeit, um etwas zu erreichen, sie bringen ihre Persönlichkeit ein, ihren Mut, ihre Opferbereitschaft und erhoffen sich Anerkennung. Doch sie gelten nichts als Menschen. Sie sollen nur funktionieren.

Das *Corporate Business* ist eine entmenschlichte Welt, überall. Mit dem Status verlieren wir auch das soziale Umfeld – man ist noch im Tennisklub, den man sich eigentlich schon nicht mehr leisten kann, doch irgendwann fährt man auf dem Golfplatz mit einem kleineren Auto vor und verliert das Gesicht. Menschen, die gestern noch Freunde waren, fangen an, über einen zu reden. *The harder they come, the deeper they fall*, singt Jimmy Cliff, wer hoch aufsteigt, fällt tief. Unsere gesellschaftliche Stellung macht uns abhängig und setzt uns unter Druck – verlieren wir sie, verlieren wir alles. Weil wir das wissen, tun wir Dinge, die wir eigentlich niemals tun wollten. Am Ende sind wir zu allem bereit. Nur um unsere Haut zu retten.

Heute treffe ich manchmal Kollegen von früher, bedeutende Konzernlenker, von allen beneidete, wichtige Männer. Schulterklappenträger. Ich sehe die Unzufriedenheit in ihren Gesichtern, den Druck, unter dem sie stehen. Ich sehe die Gewalt in ihren Familien, den Alkohol, die immer größer werdende Brutalität ihrer Entscheidungen. Ich sehe ihre Scheidungen und die Erpressungen ihrer Ehefrauen, die sie nach Strich und Faden ausnehmen. Ich sehe ihre neuen, jüngeren und schöneren Frauen, die sie ebenfalls nach Strich und Faden ausnehmen. Alles dreht sich nur ums Geld. Wir sind verhaftet in einem System aus Gold und Schein.

Wir reden in Deutschland inzwischen viel über Massentierhaltung. Warum reden wir nicht auch über Massenmenschhaltung? Wenn ich Viehtransporte sehe, Lastwagen und Waggons, in denen Schweine, Ziegen und Rinder eingepfercht werden – sehe ich auch die Menschen, die morgens mit der U-Bahn zur Arbeit fahren. Wenn ich Legebatterien sehe, in denen sich die Hühner gegenseitig zu Tode hacken – sehe ich auch die Bürohochhäuser, Fabrikhallen, Callcenter, in denen Lebewesen gefangen gehalten, gequält und misshandelt werden, bis sie anfangen, einander auf den Köpfen herumzuhacken, nur um selbst zu überleben. Ich wehre mich gegen die in der Veganerszene oft vertretene Meinung, es gehe um das Wohl der Tiere, den Tierschutz und die Ausbeutung von Tieren. Das ist richtig. Aber es ist nur die halbe Wahrheit. Die Sache geht viel tiefer. Die Dinge hängen miteinander zusammen. Egal, welchen Beruf wir ausüben oder ergreifen wollen, ob Manager, Banker, Ingenieur, Anwalt, Architekt, Arzt. Ob in leitender Funktion oder als Künstler und Unternehmer. Wir sind unsere eigenen Herren, wir sind hoch professionell. Und wir haben die Kontrolle. Meinen wir jedenfalls.

Haben wir sie wirklich?

Wir sind arme Schweine. Arme Schweine, die arme Schweine essen. Daran sollten wir etwas ändern. Wir müssen umdenken, wenn wir als Menschheit überleben wollen. Der erste Schritt dabei ist eine gesunde und ethische Ernährung. Sie ist der Schlüssel zu einem anderen Bewusstsein.

II.
Vom Stasi-Kind zum Manager und Millionär

Das Stasi-Schloss

Ich bin ein Sonntagskind. Geboren am 9. April 1972 im leicht maroden Kreiskrankenhaus in Salzwedel, nahe der Magdeburger Börde – wem die Gegend was sagt. Salzwedel ist die Stadt der Baumkuchen. Sonst gibt's da nicht viel. Damals war Salzwedel mehr oder weniger eine Erdgastrasse, die russisches Gas in die DDR brachte. Mein Vater, der fließend Russisch sprach, arbeitete dort als Dolmetscher. Ich war sechs Monate alt, als wir nach Hoyerswerda zogen, und als ich drei war, ging's gleich wieder weg nach Schönerlinde bei Berlin. An Hoyerswerda kann ich mich kaum erinnern, außer daran, dass ich im Kindergarten war und wir in einem Haus wohnten, aus dem man auf die Kaufhalle und einen großen Springbrunnen sah. Meine Kindheit war nicht so prall, als dass ich mich gern daran erinnere, und ich will das gar nicht den Orten zuschreiben und weiß auch nicht, ob man als Kleinkind überhaupt eine Beziehung zu einem Ort aufbaut. Mein Vater machte eine steile Karriere. Nach seinem Dolmetscherjob in der Trassenstadt bildete er Stasi-Agenten aus.

Das Ministerium für Staatssicherheit war ein ziemlich elitärer Klub und unterhielt auf einem schlossparkähnlichen Gelände in Schönerlinde eine Außenstelle – eine Art Schloss gewordener Hochsicherheitstrakt. Ich war unlängst mal dort. Inzwischen ist das Gemäuer recht zerfallen, aber man sieht noch einige Absperrungen. Es wirkt wie ein übrig gebliebenes Spukschloss. Man findet auch noch stumme Zeugen – Papierfetzen, Blutflecken ...

Auf diesem Areal haben wir eine Weile gelebt, und daran

kann ich mich sehr gut erinnern. Wir hatten einen eigenen Fahrer, der meinen drei Jahre nach mir geborenen Bruder und mich jeden Morgen abholte, in einem schwarzen Wolga. Das Auto wirkte irgendwie futuristisch, und ich sehe es noch vor mir; vielleicht, weil Autos in meinem späteren Leben eine wichtige Rolle spielen sollten. Der Fahrer brachte meinen Bruder in die Krippe und mich in einen Kindergarten in Berlin-Lichtenberg. Ein zweistöckiger, steriler Kasten, der absolut keine Wärme ausstrahlte – eine gruselige Einrichtung.

In Schönerlinde residierte der militärische Arm der Stasi, das Wachregiment Feliks Dzierżyński. Das war ein paramilitärischer Verband und Teil der Bewaffneten Organe der DDR. Das Regiment war 1954 gegründet worden, unterstand dem Ministerium für Staatssicherheit und war nach dem Gründer der sowjetrussischen Geheimpolizei Tscheka benannt. Die Vorläuferorganisation war 1953 an der Niederschlagung des Aufstandes in Ostberlin beteiligt, 1961 sicherte das Wachregiment Feliks Dzierżyński den Bau der Mauer, seit den 80er-Jahren unterstand es der Arbeitsgruppe des Ministers Erich Mielke und umfasste 11 000 Mann. 1990 wurde es aufgelöst, aber immer wieder machen ehemalige Angehörige von sich reden, wenn sie in Erinnerung ihrer ruhmreichen Taten irgendwo einen Gedenkstein aufstellen oder in den alten Uniformen martialisch aufmarschieren. Das Gelände lag mitten im Wald, von allen Blicken abgeschirmt, umgeben von Wachtürmen und bewacht von Hunden, die wie aus dem Nichts auftauchten. Hinter der Absperrung lag ein Paradies. Das Schloss mit dem wunderschönen Park, einem Teich, Booten, einem Fußballplatz und Freizeiteinrichtungen aller Art. Wir spielten Fußball mit den Soldaten. Wir suchten Schnecken und Kröten, waren böse Cowboys und gute Indianer, wie sich das im Osten gehörte.

Ab und zu fanden im Schloss Staatsempfänge statt, und

ich gehe davon aus, dass dort damals einige üble Kerle ein und aus gegangen sind. Der Rest des Geländes glich eher einer russischen Kaserne. In einer der Baracken lag auch das Institut meines Vaters. »Institut« beschreibt es wohl ganz gut, denn sie haben dort wohl nicht nur Sprachen gelehrt, sondern auch geforscht. Es wurde Arabisch unterrichtet, Chinesisch, Suaheli, außerdem alle westlichen Sprachen, die man als Spion im Kalten Krieg so brauchte. Mein Vater war »der Russe« und sollte Agenten auf ihren Auslandseinsatz vorbereiten. Das Ganze war für damalige Verhältnisse hochmodern, absolut *state of the art:* Man arbeitete mit Autosuggestion und Musik und versetzte die Lernenden in Trance, damit sie die Sprachen unbewusst und schneller aufnahmen, vor allem Phonetik und Aussprache. Der Rest war Frontalunterricht. Erst Jahre später, nach der Wende, fand ich heraus, dass mein Vater Offizier gewesen war. Hauptmann sogar – ein ziemlich hohes Tier im Geheimdienst des Ministeriums für Staatssicherheit.

Ich war gerade eingeschult worden, als ich eines Tages eine Waffe im Schlafzimmerschrank entdeckte. Mein Vater erklärte mir umständlich, dass er im Staatsdienst sei und ich, wenn mich jemand frage, sagen solle: Mein Papa arbeitet im Ministerium des Inneren, im MDI. Eine ziemliche krasse Lüge, wenn ich es heute bedenke. Ich lernte früh, dass das MDI einen verdammt langen Arm hatte. Wenn ich in der Schule etwas ausgefressen hatte, wusste es das Ministerium des Inneren in Gestalt meines Vaters schneller, als ich zu Hause Piep sagen konnte. Dass unsere Schule auch eine spezielle Schule war, auf die nur solche Freaks wie ich gingen, Kinder, deren Eltern für das MfS arbeiteten, wusste ich damals noch nicht.

Abgesehen von dem Tag, an dem ich die Waffe im Schrank fand, hat mein Vater nie über seine Arbeit geredet. Meine Eltern waren linientreu und rot bis ins Mark. Meine Mutter unterrichtete als Lehrerin Russisch, Geschichte und Staatsbürgerkunde; Staatsbürgerkunde war ab der fünften Klasse ein Pflichtfach in der DDR – wie schlecht der Kapitalismus sei und wie gut der Kommunismus. Mein Vater ging jeden Tag ins Institut, und damals wusste ich nicht, was genau er da tat. Er sei ein Lehrer für Erwachsene, sagte er nur, und Dolmetscher.

Schon damals hatten wir also sehr viel Kontakt zu Russen. Sie kamen zu uns nach Hause und besuchten uns. Außerdem leitete mein Vater eine Singegruppe; »Band« oder »Chor« würde man heute dazu sagen, aber »Singegruppe« gefiel den Funktionären des Sozialismus besser. Es war eine Singegruppe des MfS, die er selbst gegründet hatte und mit der er bei allen möglichen offiziellen Anlässen auftrat. »Offiziell« meint in diesem Fall natürlich »geheim«, denn in der Welt der Stasi war ja alles geheim. Sie nannten sich *Singegruppe der deutsch-sowjetischen Freundschaft,* und wenn wir am Wochenende rausfuhren zu geheimen Bunkern in geheimen Militäranlagen, wo sie geheim auftraten und sangen, traf ich dort immer wieder dieselben geheimen Kinder und Erwachsenen.

Auch im Urlaub fuhren wir mit dynamoroten Ikarusbussen – Dynamo Dresden und Dynamo Berlin waren ja die Stasi-Fußballklubs und Aushängeschilder des MfS – durch die gesamte DDR. In abgelegenen und von der Welt abgeschlossenen Feriendörfern vergnügten sich die Familien, die Kinder spielten – Gesang und geselliges Beisammensein, Essen und Trinken, für alles wurde gesorgt. Diese Stasi-Urlaubsburgen glichen einander: ein Haupthaus, ein Essenshaus, ein Schießstand, ein Fußballplatz, eine Bowlingbahn, ein Billardtisch. Meist lagen sie an einem See mit eigenem Strand, und alle Schilder waren auf Russisch und Deutsch. Jedes Jahr hatten wir acht Wochen Ferien, und zwei Wochen waren immer für diese Ausflüge reserviert. Die Tage waren total mit Programm durchgetaktet, was mich als Kind aber nicht störte. Außerdem durfte ich, als ich 14 wurde, mit einer 9-Millimeter-Makarow schießen üben. Wo durfte man das im Westen schon?

Nur eines gab es selten: Schokolade.

Big Business ist nicht der Feind, sondern der Schlüssel

Wussten Sie, dass die Milch nur aus Kostengründen in die Schokolade kam? Die Firma Lindt beschloss vor 70 Jahren, Milch in die Schokolade zu tun – bis dahin hatte man sie nur aus Kakao hergestellt, der aus tropischen Ländern importiert wurde. Lindt streckte den Kakao mit Milch, weil es billiger war.

Heute gibt es wieder Schokolade ohne Milch. Den Milchgeschmack und die Cremigkeit, an die wir uns gewöhnt haben, kann man auch durch Soja-Lecithin erzeugen. Oder durch Reismilch oder ein anderes veganes Produkt. Sie werden keinerlei Unterschied schmecken. Und Sie können sogar abnehmen, wenn Sie diese Schokolade essen: Denn Kakaopulver enthält weniger Fett und Kalorien als Kuhmilch.

Der US-Konzern Dean-Foods, der größte Milchproduzent der USA, hat vor einigen Jahren die Firma Alpro gekauft, den europäischen Marktführer für pflanzliche Milchprodukte; inzwischen wurde das Unternehmen wieder verkauft, natürlich mit Gewinn. Bill Gates investiert in Firmen, die pflanzliche Alternativen zu Fleisch und Eiern herstellen: Beyond Meat und Beyond Egg. Und auch andere Investoren stecken ihr Geld immer häufiger in neue Lebensmittel. Ein deutsches Familienunternehmen, das die Tiefkühlpizza quasi erfunden und damit ein Vermögen verdient hat, wurde an einen noch größeren internationalen Nahrungsmittelkonzern verkauft, für viele Millionen Euro. Mit diesem Geld möchte die Familie, der das Unternehmen gehörte, nun arbeiten. Sie möchte es sinnvoll investieren – in ökologische, nachhaltige, vegane und gesunde Lebensmittel. Jahrzehnte lang hat diese Dynastie Industrienahrung verkauft – nun wechselt sie das Hemd. *Greenwashing* nennt man das. Der Begriff hat einen negativen Beigeschmack, weil er an Geldwäsche krimineller Organisationen erinnert und suggeriert, dass Unternehmen sich reinwaschen wollen. Das täuscht – weil es weniger mit Moral als mit Profit zu tun hat. Ich finde *Greenwashing* gut, natürlich nur dann, wenn es nicht als reine PR-Maßnahme genutzt wird und nichts dahintersteht.

Oft sind es die Erben der Gründer, die in eine andere Richtung steuern wollen. Einige tun das sogar aus tiefer Überzeugung, weil sie wissen, dass grüne Ernährung die Zukunft ist. Aber natürlich sehen sie das auch vor dem Hintergrund der Rendite. Diese Leute sind davon überzeugt, dass sie mit der neuen Nahrung Gewinn machen werden. Sie denken um, weil sie sehen, dass sich Zivilisationskrankheiten immer mehr ausbreiten, dass das Risiko für Herzinfarkte, Schlaganfälle, Osteoporose steigt, dass immer mehr Menschen die Folgen ungesunder Ernährung am eigenen Körper spüren oder in der Familie, im Freundeskreis, unter Kollegen mitbekommen. Und angesichts dieser Gefahren sollten wir tatsächlich umdenken. Doch der Schlüssel zur Bildung eines neuen, eines anderen Bewusstseins ist Geld. Die Aussicht auf einen zu erzielenden Gewinn. Natürlich ist auch ein Schuss Gutmenschentum im Spiel, aber kein Investor investiert Geld, weil er ein paar Gutmenschen gut leiden kann. Niemand gibt Geld einfach nur für eine Idee. Doch wenn die Idee Geld abwirft, wenn sie mit einer Aussicht auf Profit verbunden ist, dann ist es etwas anderes. Und dieser Trend zeichnet sich ab. Menschen, die lange in der Lebensmittelbranche gearbeitet haben, die Fachleute sind und wissen, was sie tun, investieren immer öfter in neue Nahrungsmittel.

Bei Veganz bekomme ich jeden Tag durchschnittlich drei Anfragen von Investoren, ungelogen. Unsere Beteiligungsmodelle sehen kein Mitspracherecht vor, Geldgeber können zwischen Anleihen oder einer stillen Beteiligung wählen. Doch die meisten wollen auch inhaltlich beteiligt werden und Firmenanteile kaufen. Manche wollen sogar, dass ich eine AG aus dem Unternehmen mache. Das lehne ich zurzeit noch ab. Bis jetzt bin ich ganz gut mit den Investoren gefahren, die mir ihr Geld gegen eine feste Verzinsung überlassen und es nach fünf Jahren mit einer Rendite wiederbekommen.

Veganz ist für Investoren interessant geworden, weil die Medien uns bekannt gemacht haben, weil wir eine Story haben und – vor allem – ein *Proof of Concept,* ein tragfähiges, funktionierendes Konzept. Wir haben bewiesen, dass die Idee eines veganen Supermarktes trägt, dass man sie nur vervielfachen muss. Sie funktioniert wie eine gut geölte Maschine. Man kann sein Geld reinstecken, und es wird auf jeden Fall wieder Geld herauskommen. Die Frage ist, wie viel.

Man kann die traditionellen großen Lebensmittelkonzerne, ich nenne sie mal Big Pizza, Big Porc und Big Beef, nicht schlagen. Aber man kann sie kaufen. Wenn sie sehen, dass mit Tofu und Soja auch im großen Stil Geld zu machen ist, sogar weltweit, werden sie umdenken. Die Manager dieser Konzerne sind keine Weltverbesserer, aber sie sind extrem flexibel, wenn es um Geld und Gewinne geht. Solange unser System ist, wie es ist, können wir es nicht ändern, aber wir können es uns zunutze machen, es mit seinen eigenen Waffen schlagen und es so verändern. Eine Bratwurst ist fett und ungesund, aber lecker – das sitzt fest in den Köpfen der Menschen. Schließlich wurde es ihnen über viele Jahre eingeredet. Und wenn sogar Olli Kahn in der Glotze sagt, wie geil die Grillwurst ist – dann muss es doch stimmen, oder? Darum werden wir die Bratwurst nur aus den Köpfen der Menschen bekommen, wenn sich der Anbieter ändert, der den Menschen täglich Würste schmackhaft macht. Wenn er anfängt, pflanzliche Würste zu produzieren und diese zu vermarkten. Dann steht auch Olli Kahn eines Tages am Grill und beißt in eine Wurst, die aussieht wie Fleisch, die schmeckt wie Fleisch – die aber kein Fleisch ist. Und die Herde wird ihm folgen ...

Solange wir in einem System des Big Business leben, ist Big Business also nicht der Feind – sondern der Schlüssel für alle Veränderung.

Eine musikalische Familie

Als wir älter wurden, schickten unsere Eltern meinen Bruder und mich ins Kinderlager. Sie selbst blieben zu Hause. Im Lager sollten wir den rechten – das heißt in diesem Fall: linken – Korpsgeist erlernen. Bullerbü mit Waffenkunde sozusagen.

Solche hurrastalinistischen Ferienanlagen gab es überall in der DDR. Außerdem unterhielt die Stasi eigene Kinderlager in osteuropäischen Bruderstaaten. Im Gegenzug verschickte man Kinder osteuropäischer Geheimdienstler und verdienter Apparatschiks in Stasi-Kinderlager in der DDR. Graal-Müritz oder Lubmin bei Greifswald waren solche internationalen Lager der Erholung und Arbeit. Im Osten wurden gewisse Traditionen des Dritten Reichs konsequenter fortgeführt als im Westen, finde ich. Wenn man das Kürzel HJ durch FDJ ersetzt, kommt unterm Strich etwas Ähnliches heraus: Frühsport, Fahnenschwenken, Fackelumzüge. Das Neptunfest oder die endlosen Nachtwanderungen – jeder Ossi weiß, wovon ich spreche ...

Bis ich 16 war, verbrachte ich meine Ferien in diesen Lagern. Das hat mich geprägt. Es ging dort sehr leistungsorientiert zu, und wir lebten in dem Bewusstsein, zu einer Elite zu gehören. Das ganze System war so angelegt, und da meine Eltern sehr linientreu waren, haben sie diese Werte verinnerlicht und an uns Kinder weitergegeben. Mein Vater war selbst äußerst karrierebewusst und legte größten Wert darauf, dass wir unseren Platz in der Gesellschaft einnahmen. Vor allem er hat mich geprägt, der Drecksack. Ich benutze dieses Wort bewusst, weil er seine Interessen und Vorstellungen, die ich als sehr egoistisch und teilweise stumpf empfand, mit aller Macht in der Familie durchgesetzt hat. Er interessierte sich für Musik, darum sollten wir eine musikalische Familie sein. Auch ich sollte ein Instrument lernen. Anfangs weigerte ich mich; ich hatte keine Lust, Akkordeon zu spielen oder Gitarre oder Bandmaster. Das ist so eine Art Klavier zum Pusten. Mein Vater drohte und prügelte, er schlug mir mit der Faust ins Gesicht und versuchte, den Willen seines siebenjährigen Sohnes zu brechen wie den eines feindlichen Agenten. Er zwang mich mit physischem und psychischem Druck – bis ich endlich Tonleitern übte.

Meine Mutter war anders. Weich und mit sich selbst beschäftigt, schien sie sich um meinen Bruder und mich wenig Gedanken zu machen und ließ uns viel durchgehen. Wo mein Vater hart und streng war, war sie großzügig. Darüber gerieten die beiden auch ständig aneinander. Dabei schlug mein Vater meine Mutter. Er würde es heute wohl leugnen, doch ich erinnere mich, wie er mit Gurkengläsern nach ihr warf, mit Flaschen und Dosen, Scheren und Messern, sie boxte. Wenn unsere Mutter weinte und mein Bruder und ich dazwischengingen, wurden wir ebenfalls verprügelt. Mein Vater konnte sich vollkommen vergessen. Ich ging längst zur Schule, da musste ich mich immer noch mit heruntergelassenen Hosen über die Blümchencouch legen, und er versohlte mir den nackten Hintern mit einem Lederriemen. So, wie sein Vater es mit ihm gemacht hatte. Als ich zehn war, habe ich mich zum ersten Mal gewehrt.

Kinder verrohen, wenn sie permanent geschlagen werden, wenn sie ansehen müssen, wie ihre Mütter misshandelt werden, wenn sie in einer Atmosphäre der Gewalt aufwachsen. Bis heute habe ich Mitleid mit meiner Mutter, und wenn ich sehe, wie jemand, der schwächer ist, von einem anderen Menschen bedroht wird, will ich helfen. Ich habe einen ausgeprägten Helferinstinkt. Auch damals ging ich, als ich älter wurde, dazwischen, wenn zu Hause die Gewalt eskalierte.

Diese Erlebnisse führten auch dazu, dass ich schon früh von zu Hause abgehauen bin. Mit sieben, acht, neun Jahren blieb ich tagelang weg. In der Kaufhalle klaute ich mir etwas zu essen, schlief in Hausfluren, im Gebüsch oder baute mir irgendwo im Wald eine Höhle.

Irgendwann wandte sich der Jähzorn meines Vaters gegen ihn, und er wurde von seinem Dienstleiter aus dem Verkehr gezogen. Seine Wutausbrüche hatten sich wohl herumgesprochen. Ich weiß nicht, inwieweit meine Mutter daran beteiligt war. Jedenfalls bedeutete das einen gewaltigen Knick in seiner Karriere. Er kam zunächst in ärztliche Behandlung und musste sich dann einem Antiaggressionstraining unterziehen. Weil all das nichts half, musste er schließlich das Stasi-Schloss verlassen.

Wir zogen nach Berlin-Friedrichshain, in ein Haus vis à vis einer übergroßen Leninstatue. Tag für Tag schaute ich nun aus dem achten Stock auf Wladimir Iljitsch; manchmal sah ich auch vom Dach auf ihn herab, wohin ich mich vor Vaters Tobsuchtsanfällen flüchtete. Wir lebten in einer engen Dreiraumwohnung, in der man einander kaum entkommen konnte. In einem Raum schliefen mein Bruder und ich, im anderen unsere Eltern, ins Wohnzimmer sah Lenin von draußen herein und überwachte uns mit steinernem Blick. Einmal, als zu Hause die Stimmung wieder eskalierte, weil ich vergessen hatte, alte Zeitungen zum Altstoffhandel zu bringen – im Osten wurden Zeitungen und Gläser gesammelt und gegen Geld zum Recyceln gegeben –, schnappte ich meinen Bruder, und wir liefen gemeinsam weg. Es war Winter. Wir rannten in den Park, obwohl meine Mutter immer sagte, dort lauerten Kindermörder. Es war uns egal. Wir schliefen in Müllschluckerräumen, und als wir zum Klauen in die Kaufhalle gingen, tat ich so, als wäre ich ein kleiner Russenjunge, der kein Wort Deutsch verstand. Wir stahlen Brötchen und Milch. Das klingt abenteuerlich. Doch es war Verzweiflung, die mich trieb. Und, so sehe ich es heute, wohl auch die Sehnsucht, irgendwo einmal so etwas wie Zuneigung zu bekommen, ein bisschen Liebe. Damals im Park fragte ich mich, ob unsere Eltern uns suchen würden. Ob sie sich Sorgen machten? Ob sie mich, wenn wir nach Hause zurückkämen, wieder lieb hätten?

Leider nicht. Das Weglaufen brachte nur weitere Prügel.

Oft stritten sich meine Eltern auch über meine Leistungen in der Schule, denn ich war ein grottenschlechter Schüler. Nicht in Mathe, nicht in Rechtschreibung – aber in Betragen, Ordnung und Fleiß. Meine Kopfnoten fielen immer schlecht aus. Ich suchte mir die größten Rabauken als Freunde, Jungen, die meinem Vater garantiert nicht gefallen konnten. Ich schlug mich, war laut und riss Witze. Vielleicht wollte ich im Mittelpunkt stehen, weil ich zu Hause so wenig Aufmerksamkeit bekam. Ich sei ein Klassenclown, stand oft in den Beurteilungen, und zeige häufig schlechtes Benehmen. Das stimmte – Hauptsache, ich falle auf, dachte ich mir. Ich versuchte, irgendwie Tritt zu fassen. Meine Mutter reagierte mit Verständnis. Mein Vater mit Gewalt.

Mit Beginn der dritten Klasse steckte Vater mich wieder in eine Spezialschule. Dort hatten wir Russisch, was für mich kein Problem war, und ab der fünften Klasse Englischunterricht. Auch die Edgar-Paul-Oberschule war eine rote Eliteschmiede; die Hälfte der Eltern arbeitete bei der Stasi. Die Kinder waren alle Sprösslinge von hochrangigen Funktionären, von Professoren, Lehrern, Direktoren, Kaderleuten. Ihr seid etwas Besonderes, wurde uns eingetrichtert, etwas Besseres. Mein Vater ernannte sich sogleich zum Elternsprecher. Damit war mein Weg vorgezeichnet. Vater war immer präsent, und allein das setzte mich ständig unter Druck. Er organisierte unsere Klassenfahrten, und natürlich war er auch selbst dabei. Weil er beruflich nicht mehr so eingespannt war, hatte er jetzt alle Zeit der Welt, uns zu systemtreuen Mustermaschinen zu machen, und er hatte immer einen guten Draht zu allen Lehrern.

Meine neuen Mitschüler prügelten sich nicht, sie hauten sich nicht auf die Glocke und fetzten nicht draußen herum. Sie wirkten gesammelt und konzentriert, wie hochgezüchtete Rennpferde. Alle Streber, ausnahmslos. Und ich war der Exot. Der Einzige, der gegen den Strom schwamm, vom ersten Tag an. Die Lehrer haben mich, glaube ich, gehasst. Aber mit der Zeit fing ich an, mich gegen den Druck aufzulehnen. Und mein Vater reagierte. Es war, als hätte er mir ein Hundehalsband mit stacheligem Würger umgelegt, und er gab mir zu verstehen, dass er bei der geringsten Abweichung daran reißen würde. Dazu kam der ständige Leistungsdruck. Es war mein Vater, der mein Leistungssoll bestimmte und jedes Versagen sanktionierte. Erreichte ich seine Vorgaben, konnte er auch sehr großzügig sein. Plötzlich bekam ich ein Fahrrad. Ich durfte zum Fußball fahren, zum Eishockeytraining gehen oder mit ihm ins Ausland reisen. Ich habe meinen Vater als einen notorischen Erpresser erlebt – und er schien immer irgendetwas gegen mich in der Hand zu haben. Es war ein einziger Horror.

Viele Jahre habe ich nicht mehr an meine Kindheit gedacht. Ich habe einfach versucht, sie zu verdrängen. Doch die Gewalt, die Unterdrückung, die Eliteschulen haben Spuren hinterlassen. Ich habe früh gelernt, mit Druck umzugehen, mich durchzuwursteln, mich zu arrangieren, ungeachtet meiner eigentlichen Fähigkeiten. Ich konnte nicht ausbrechen, weder aus meiner Familie noch aus der Schule oder der organisierten Freizeit. Im Dirigieren der Freizeit ihrer Bürger war die DDR wirklich groß. Auch als ich anfing, zu schwimmen und Eishockey zu spielen, und Leistungssportler wurde, wurde ich total kontrolliert. Vom Staat und von meinem Vater. Die beiden gehörten einfach untrennbar zusammen.

Doch im Nachhinein kann ich dem Ganzen eine positive Eigenschaft abgewinnen: Sobald ich etwas tue, tue ich es richtig. Bis heute mache ich keine halben Sachen, weil ich immer Vaters Anspruch erfüllen musste, der Beste zu sein. In der Stasi-Schule gelang mir das nicht, mit einem Notendurchschnitt von 1,8 war ich der Schlechteste, gegen diese Roboter von Mitschülern kam ich nicht an. Auch sportlich war ich kein Überflieger, weder besonders schnell noch besonders kräftig, ich konnte nicht besonders weit werfen und nicht besonders hoch springen. Ich war immer irgendwie gut, aber nie besonders gut. Sprich: Ich war nie gut genug. Mein Vater ließ mich diesen Mangel spüren; er hielt mich wie einen Hund, dem man nie genug zu fressen gibt, der immer hungrig bleibt. Vielleicht war er so, weil er selbst scheiterte. Er war noch Hauptmann, als andere längst weiter waren auf der Karriereleiter. Dann kam die Wende, und von einem Tag auf den anderen wurde er zum Gejagten. Zu einem, der alles verlor – Job, Ansehen, Würde. Einem Niemand. Es muss ihm ziemlich zugesetzt haben.

Und dann wurde er Dealer – und ich war sein Komplize.

Superfoods

Es gibt Pflanzen in anderen Teilen der Erde, die sehr effektive Lebensmittel sein könnten.

Stevia zum Beispiel ist eine Pflanze, die in Mittel- und Südamerika, Israel, Thailand und China angebaut wird. Ein unscheinbarer Strauch, dessen Blätter süß sind wie Zucker, aber nicht dessen negative Eigenschaften haben. Man kann Stevia-Blätter zu einem weißen Pulver verarbeiten, das aussieht wie Zucker und auch so ähnlich schmeckt, eher noch etwas süßer und feiner. Man könnte diese Pflanze massenhaft kultivieren und verarbeiten – aber man tut es nicht. Noch nicht. Weil die Zuckerindustrie weiß, dass die Pflanze ihren Profit deutlich schmälern würde.

Inzwischen ist Stevia in der EU als Lebensmittelzusatzstoff zugelassen, allerdings gelten beispielsweise bei der Verwendung für Kekse und Gebäck noch Auflagen. Der Zulassung ging ein langer Kampf gegen die Zuckerindustrie voraus, denn natürlich wollen sich die Konzerne nicht die Marmelade vom Brot nehmen lassen. Es ist immer das gleiche Prinzip: Sobald alternative Lebensmittel entdeckt werden, versuchen die Unternehmen, denen das Produkt Konkurrenz machen könnte, es verbieten zu lassen oder zumindest in Misskredit zu bringen. Das ist aus ihrer Sicht verständlich. Nur handelt die Industrie mit ihren Lobbyverbänden eben nicht im Sinne der Allgemeinheit. Ihr ist es egal, was mit der Welt, den Menschen und den Tieren passiert. Sie handelt gemäß dem System, in dem sie operiert, und ausschließlich unter dem Aspekt eines maximalen und schnellen Gewinns.

Ähnlich ist es bei Chia-Samen. Für die Maya waren sie Nahrungs- und Heilmittel, denn die kleinen Körner haben es in sich. Sie enthalten Proteine, Antioxidantien, Kalium, Kalzium, Eisen und das Spurenelement Bor sowie Omega-3- und Omega-6-Fettsäuren. Ihr Kalziumgehalt ist fünfmal so hoch wie der von Milch, ihr Kaliumgehalt doppelt so hoch wie der von Bananen, ihr Eisengehalt liegt dreimal höher als der von Spinat, und ihr Anteil an Antioxidantien schlägt sogar den Spitzenreiter Heidelbeere. In der mexikanischen Volksmedizin heißt es, ein Löffel Chia-Samen reiche aus, um einen Menschen 24 Stunden mit Energie zu versorgen. Die Mayas verwendeten sie auf langen Wanderungen als Energiespender. Sie eignen sich auch gut zur Vorratslagerung, denn sie sind extrem haltbar und lassen sich vier bis fünf Jahre lagern. Man kann sie zum Salat geben, in Smoothies oder Pudding mixen, in Gebäck, Müsli oder Dressings mischen. Man braucht keine rauen Mengen dazu. Gemahlen können sie sogar Mehl ersetzen. Chia-Samen helfen dem Körper, andere Lebensmittel zu verdauen und verlangsamen die Umwandlung von Kohlenhydraten zu Zucker. Die Nahrungsenergie wird also langsamer im Körper freigesetzt, das erhöht die Ausdauer und ist gut für Sportler wie für Diabetiker. Wenn sie aufquellen, speichern Chia-Samen große Mengen Flüssigkeit, die sie dem Körper zuführen, ohne schwer im Magen zu liegen. Im Gegenteil: Mit Wasser angereichert, fegen sie durch den Magen-Darm-Trakt wie ein Besen, binden Säuren und Giftstoffe, räumen ordentlich auf und schaffen eine gesunde Darmflora. Sie sind glutenfrei und helfen bei Zöliakie, aber auch bei Sodbrennen, Gelenkschmerzen, Schilddrüsenerkrankungen und tragen zur Wundheilung bei. Ihre Nährstoffdichte fördert den Gewebeaufbau; das ist vor allem in der Schwangerschaft wichtig.

Und das Zeug haben wir uns bislang durch die Lappen gehen lassen?

Warum wird Chia-Samen nicht längst massenhaft angebaut, importiert und verarbeitet? Nun, weil die Industrie kein Interesse daran hat. Weil die EU und Deutschland die Samen, die seit über 1000 Jahren gegessen werden, noch immer langwierigen Tests unterzieht. Das verhindert die Einfuhr. Wir sollen nicht gesund leben. Wir sollen Junkfood essen, die Lebensmittelkonzerne reich machen und selbst krank werden. Darum gibt es diesen Wunderstoff hier noch nicht. Wir führen unsere *Superfoods* über England ein. Dann sind sie schon mal in der EU und leichter nach Deutschland zu bringen. Das machen die Fleischindustrie oder die Textilbranche genauso: Sie importieren Lebensmittel aus Ländern, deren Gesundheitsbestimmungen mehr als fragwürdig sind, oder importieren Billigklamotten aus Bangladesch, wo Arbeiter immer wieder unter den Trümmern einstürzender Fabrikgebäude begraben werden. Man führt die Waren einfach nach England ein oder lässt eine Jeans noch mal in der Slowakei walken. Damit ist das Produkt in Europa und bekommt entsprechende Stempel. Die Herkunftsländer sind nicht mehr Bolivien oder Indien, sondern die Slowakei oder England. Der Verbraucher wird getäuscht, hat aber ein gutes Gewissen.

Wir nutzen diese Lücken ebenfalls. Allerdings für ein sehr gutes Produkt, wie wir meinen. In unseren Supermärkten verkaufen wir viele *Superfoods*. Da wir die Produkte von weit her und auf verschlungenen Wegen einführen müssen, sind sie momentan noch sehr teuer. Ein Chia-Dessert kostet in unserem Laden 4,20 Euro. Ich sehe vollkommen ein, dass sich das nicht jeder leisten kann. Andererseits: Ein Päckchen Zigaretten kostet mehr. Und probieren Sie mal aus, was Sie bei McDonald's oder Burger King für das Geld bekommen und was diese Lebensmittel Ihrem Körper antun. Der Preis, den wir ansetzen, ist nicht übertrieben, denn wir kalkulieren nicht mit 100-prozentigen Gewinnspannen. Würden sich *Super-*

foods weiter durchsetzen, würden sie billiger. Bis dahin werden wir weiterhin alles, was eine gesunde, fleischlose und schmackhafte Alternative zu sein verspricht, importieren, über welchen Weg auch immer. Ich bin um die halbe Welt gereist auf der Suche nach diesen Produkten, tue das immer noch und weiß, wie ich sie nach Deutschland kriege. Glauben Sie mir, ich habe das gelernt. Und obwohl sie teuer sind, wollen viele Menschen diese *Superfoods* haben. Als wären sie Wunderdrogen. Essen Sie einmal einen Becher Chia-Samen! Sie werden den ganzen Tag Energie und keinen Hunger mehr haben, denn die Samen quellen im Magen nach. Man könnte alle möglichen Diäten damit machen. In unseren Läden sind Chia-Samen der Renner, vor allem ein Dessert daraus, das mit Kokosmilch, Agaven- und Mangosirup und Roten Johannisbeeren verfeinert wird. Das ist richtig lecker!

Es gibt noch andere solche *Superfoods*. Die Maca-Pflanze aus dem Hochgebirge der peruanischen Anden zum Beispiel. Die Peruaner kennen die Wirkung ihrer Wurzeln seit Langem. Sie ähneln Steckrüben und sind rot bis tiefschwarz. Die Wurzelfasern enthalten wertvolle Proteine, Vitamine, Aminosäuren und Glukosinolate, außerdem Eisen, Zink, Magnesium, Kalzium, Phosphor, Stärke und Mineralstoffe. Die Inkas kauten die Blätter, die heutigen Einwohner Perus verwenden die Wurzel als Nahrungsmittel. Beim Anbau werden keine Düngemittel oder Pestizide verwendet, es handelt sich also um reine Bioqualität. Im deutschen Handel gibt es seit Längerem Maca-Kapseln als Nahrungsergänzungsmittel, auch peruanisches Ginseng genannt. Die Inkas verwendeten es auch als Medizin gegen Tuberkulose, Magenkrebs, Stress und Kopfschmerzen sowie als Aphrodisiakum. Moderne Studien haben ergeben, dass Maca absolut verträglich ist und Anti-Aging-Effekte aufweist. Sportler nutzen die Knolle zur Leistungssteigerung, und Geistesarbeiter schätzen sie als Wachmacher. Seriöse Fachblätter haben Studien veröffentlicht, in denen

Maca tatsächlich eine enorme aphrodisierende Wirkung attestiert wird. Es macht Lust auf Sex – und darauf wollen wir verzichten? Es verbessert die Spermienqualität, hilft bei Beschwerden in den Wechseljahren, reduziert den Cholesterinspiegel, schützt vor Arterienverkalkung und hilft gegen Angstzustände und Depressionen. Man kann Maca zu Mehl mahlen und Muffins damit backen oder Soßen binden. Traditionell wird Maca-Pulver in heißes Wasser gerührt und ergibt ein süßes Getränk. Auch Maca-Brei mit pürierten Früchten ist beliebt. Maca ist also ebenfalls eine echte Wunderpflanze – warum ist es nicht längst fester Bestandteil jeder Küche? Weil auch Maca kaum bekannt ist und weil die Industrie nichts daran verdient.

Ginkgo dagegen ist schon weiter verbreitet. Ginkgo ist ein Baum aus China, der heute weltweit angebaut wird. Ginkgo-Samen sehen aus wie unreife, grüne Kirschen. Geschält sind sie sehr schmackhaft, in Japan kocht man sie und isst sie als Beilage oder röstet sie und knabbert sie wie Nüsse. Gehackt sind sie ein schmackhaftes Gewürz. Die Samen enthalten 38 Prozent Kohlenhydrate, rund 4 Prozent Proteine und nur 1,7 Prozent Fett. In der chinesischen Medizin werden sie gegen Husten eingesetzt, bei Blaseninfektionen, Asthma, Tuberkulose, Alkoholvergiftung, Blähungen, Gonorrhöe und schmerzhaftem Wasserlassen. Extrakte der Blätter helfen bei Tinnitus, Durchblutungsstörungen und Demenz.

Äußerst nahrhaft und vitalstoffreich sind auch die Blätter des Moringa-Baumes. Sie werden handgepflückt, getrocknet und zu einem feinen Pulver gemahlen. Durch die schonende Herstellung bleiben alle Nährstoffe erhalten, sodass das Pulver ein ganzheitliches Nahrungsergänzungsmittel ist. Es kann in Speisen und Getränke gemixt werden. Wie wär's mal mit einem leckeren Smoothie zum Frühstück? Oder einem Moringa-Tee zwischendurch? Sie können es auch zum Verfeinern von Suppen, Soßen, Gemüsen und Salaten verwenden.

Bei Veganz führen wir mehrere Hersteller, die afrikanischen und thailändischen Kleinbauern zudem ein vernünftiges Einkommen sichern.

Camu-Camu wiederum ist ein Strauch, der in der Amazonasregion wächst. Die drei bis sechs Meter hohen Pflanzen tragen bis zu zwölf Kilo Früchte, deren Vitamin-C-Gehalt 40-mal so hoch ist wie der von Orangen. Zudem sind sie sehr eisenhaltig und gelten, wie die Maca-Pflanze, als Aphrodisiakum. Das haben die Japaner herausbekommen, und seither importieren sie die Früchte massenhaft, sodass es bereits zu Engpässen auf dem Markt kommt.

Alle diese wunderbaren Pflanzen machen uns gesünder, schlauer, wacher, sexuell aktiver und glücklicher. Und wir? Wir kennen kaum ihre Namen und lassen ihr Potenzial brachliegen. Dabei ließe sich ein Produkt wie Chia-Samen ohne Probleme im großen Stil anbauen. Warum legt niemand eine Ginkgo-Plantage in Thüringen an? Warum sät niemand Maca in den Bayerischen Alpen, warum erntet niemand Camu-Camu in Mecklenburg-Vorpommern? Allein der Anbau von Chia-Samen könnte einen neuen Wirtschaftszweig erschließen, mit neuen Arbeitsplätzen im Anbau, in der Weiterverarbeitung und im Vertrieb. Natürlich gehen Arbeitsplätze verloren, wenn Fleischkonsum und Massentierhaltung verringert würden, das ist immer das Totschlagargument. Doch es entstünden auch neue Arbeitsplätze. Die Welt ist eben immer im Wandel. Manchmal würde sich aber auch gar nicht mehr ändern, als dass man eine Zutat durch eine andere ersetzt. Stevia ist als Süßstoff bereits in einigen Produkten zu finden. Der Hamburger Limo-Hersteller Fritz etwa produziert eine Cola-Sorte, die mit Stevia anstatt Zucker gesüßt wird. Wenn sich das im großen Stil fortsetzte und Coca-Cola oder Pepsi-Cola ebenfalls mit Stevia statt Zucker produziert würden, wäre das ein Gewinn, denn Millionen Menschen sind zu dick, weil sie zu viel Cola trinken, die nun einmal zu einem Großteil aus

Zucker besteht. Würden dicke Menschen statt Zucker Stevia zu sich nehmen, wäre das, in rauen Mengen genossen, vielleicht auch nicht das Klügste – aber ganz sicher weniger gesundheitsschädlich.

Businessmeni in Marzahn

Mein Vater hatte bei der Stasi immer gut verdient. Nach der Wende war er plötzlich arbeitslos und ohne Gehalt. Eine Weile arbeitete er noch als Lehrer und übernahm Dolmetscheraufträge, wenn auch nicht mehr in dem glamourösen Rahmen, den er sich wünschte. Angesichts seiner Vergangenheit, das war ihm wohl klar, blieb ihm nur noch die Selbstständigkeit.

Nach längerem Hin und Her entschied er sich für Ex- und Import. Das klang gut und versprach schnelle Gewinne. Wenn er das kapitalistische System schon nicht besiegen konnte, so würde er es nutzen. *If you can't beat them, join them,* sagt eine goldene Managerregel. Er kaufte und verkaufte zunächst für die VEBEG, ein bundeseigenes Verwertungsunternehmen, damals eine Art eBay für Arme. Er handelte mit Trainingsanzügen, Bussen, Autos und Maschinen, verkaufte sie nach Russland und kaufte dort wiederum andere Dinge ein, die er im Westen verkaufte. Das jedenfalls erzählte er uns.

Bald stapelten sich im Keller Tonnen von Trainingsanzügen. Mein Vater war umtriebig wie ein Schwarzmarkthändler in der Nachkriegszeit, und ich glaube zu wissen, dass viele seiner Aktivitäten nicht ganz legal waren. Soweit ich es nachvollziehen konnte, nutzte er seine alten Verbindungen nach Russland; schließlich hatten sie dort auch ihre frühkapitalistischen Probleme. Eines Tages saß dann ein als russischer Mafiaboss auftretender Typ in unserem Wohnzimmer in Marzahn. Ein Mann mit Bart und dunkler Brille, der aus St. Petersburg kam (und wenig später dort erschossen wurde). Immer wieder fuhren vor unserem Plattenbau Staatskarossen vor – ein Bild, das sich mir eingebrannt hat –, und *Businessmeni*, wie man windige Geschäftsleute in Russland nennt, stiegen in dunklen Zweireihern und mit Sonnenbrillen aus und kamen hinauf in unsere heimelige Vierraumwohnung. Mein Vater wollte wirklich sehr schnell sehr reich werden.

Eine Weile half ich ihm, Autos aus Westdeutschland nach Russland zu überführen. Einmal hatte er den Auftrag, 2000 Mercedes-S-Klasse-Modelle, die alten 126er, nach Russland zu schaffen. Doch so viele gab es gar nicht auf dem Markt, er konnte nur ein paar Dutzend liefern. Einige habe ich selbst rübergefahren. Die Fahrt dauerte mal drei Tage, mal eine Woche und war immer abenteuerlich. Meist fuhr ich die Autos jedoch einfach von einem privaten Verkäufer zu einem Autohändler in Hohenschönhausen oder in eine ehemalige Russenkaserne nach Wünsdorf; von dort wurden sie, soviel ich weiß, mit Transportflugzeugen nach Russland gebracht oder verschifft. Immer wieder passierte es, dass einer dieser Autodealer tot im Kornfeld lag. Es war diese Goldgräberzeit direkt nach der Wende, und Autohändler waren eigentlich Verbrecher – ich lernte einige von ihnen kennen und wusste, was sie aufschlugen: Manche kassierten Verkaufsspannen von bis zu 5000 D-Mark pro Auto. Dabei waren die Karren oft in erbärmlichem Zustand, regelrechte Möhren. Manche blieben schon bei der Überführung mit einem Motorschaden liegen.

Mein Vater nahm mich auch gern zu seinen Autodeals mit, weil ich nach der Schule eine Ausbildung zum Kfz-Mechaniker gemacht hatte und er mich für die Expertisen brauchte. Ich weiß nicht, warum ich ihm damals geholfen habe. Vielleicht, weil er mir doch irgendwie leidtat. Vielleicht wollte ich auch was dazuverdienen. Das Problem mit Vaters Autogeschäften war, dass sie meist schiefgingen. Er kam wohl nie wirklich zum Zug und verlegte sich schließlich auf eine andere Branche.

Er begann, mit Osmium und Scandium zu handeln, seltenen Metallen, die in der Raumfahrt und in der Waffentechnologie genutzt werden. Aluminiumlegierungen mit Scandium werden beispielsweise für den Bau russischer Kampfflugzeuge oder für gängige Revolver verwendet. Wenige Gramm dieser Stoffe wurden damals für bis zu 100 000 US-Dollar gehandelt. Natürlich verriet mein Vater nie, woher er diese Substanzen bekam. Vermutlich nutzte er auch hier seine früheren russischen und sonstigen Agentenkontakte. Jedenfalls lagerten plötzlich Osmium und Scandium im Kühlschrank, zwischen Spreewaldgurken und Plocksalami. Ich war zu dieser Zeit bereits ausgezogen, fuhr aber einmal mit zu einem Institut in Sachsen, wo mein Vater einige Substanzen auf ihre Echtheit überprüfen ließ. Auch von diesen dubiosen Deals weiß ich nicht viel, nur, dass auch sie oft schiefgingen. Vieles lief über Vermittler und Zwischenhändler, mein Vater hatte jede Menge konspirative Treffen und gefühlte 150 Geldübergaben, die alle scheiterten. Er brachte selten Geld mit nach Hause. Bei einer Übergabe war ich sogar dabei. Wir saßen in meinem Auto am Ernst-Reuter-Platz, und mein Vater tat sehr geheimnisvoll. Er solle einen Mann in einer Bankfiliale treffen, dem er die seltene Substanz übergeben werde und der ihm das Geld aushändigen wolle. Er war aufgeregt und gestikulierte viel. Schließlich stieg er aus und ging auf die Bank zu. Das hört sich jetzt absurd an, aber ich schwöre, genauso ist es gewesen: Als mein Vater die Filiale betrat, tauchten jede Menge Streifenwagen auf, und bewaffnete Polizisten stürmten die Bank. Ich weiß, dass mein Vater die Bank nicht überfallen wollte, er hatte auch gar keine Waffe dabei. Der Mittelsmann, den er treffen wollte, wurde schließlich abgeführt. Auch meinen Vater nahmen die Beamten mit. Allerdings ließen sie ihn wenig später wieder frei.

Irgendwann gab er seine Abenteuer auf. Was aus den Metallen wurde, weiß ich nicht; ich habe ihn nie danach gefragt.

Er war in gewisser Weise ein durchaus geschäftstüchtiger Mann, nur leider kam unterm Strich nicht viel herum bei seinen Schiebereien. Ich weiß aber, dass einige seiner Mitstreiter von damals heute nicht mehr leben. Und ich weiß, dass sie keines natürlichen Todes gestorben sind.

Nachdem sich der Traum von der schnellen Million nicht erfüllt hatte, zog sich mein Vater zurück und wurde schließlich Versicherungsvertreter. Für mich ist Strukturvertrieb das Schlimmste: Man schwatzt allen Verwandten, Freunden, Bekannten und der netten Omi von nebenan Versicherungen auf, die sie gar nicht brauchen. Aber immerhin gelangte er darüber in die seriöse Versicherungsbranche. Bei der Allianz begann er noch einmal eine Ausbildung zum Versicherungsfachwirt, in seinem Alter, alle Achtung. Mit Mitte vierzig bekam er eine Hauptvertretung am Prenzlauer Berg, mit Kundenstamm. Ich staunte. Doch dann holte ihn die Vergangenheit ein: Als herauskam, dass er bei der Stasi gewesen war, musste er gehen und seine solide Existenz wieder aufgeben.

Verstehen Sie mich nicht falsch: Mein Vater ist durchaus ein gewisses Kaliber. Sein größtes Projekt nach der Wende war sicher seine eigene Hausbaufirma. Die betrieb er schon, als er noch als Versicherungsvertreter arbeitete, zusammen mit einem russischen Partner, eine GmbH, die in ganz Deutschland nicht wenige Einfamilienhäuser baute. Als die Allianz ihm 1998 kündigte, war er mit den Häusern bereits so dick im Geschäft, dass er nur noch das Schild über seinem Büro am Prenzlauer Berg auswechseln musste. Bei der Hausbaufirma hatte ich sogar das erste Mal das Gefühl, dass er etwas für sich Richtiges gefunden hatte. Eine Weile lief alles ganz gut. Dann wollten sein Partner und er einen Wohnpark in Hessen entwickeln. Seine Firma war Bauträger. Das ist auch wieder typisch für ihn: Mein Vater ist unheimlich hart und mutig, aber gleichzeitig naiv und gutgläubig. Er baute den Wohnpark, doch die Käufer haben zum Teil bis heute nicht bezahlt.

Er hatte ihnen versprochen, sie müssten nicht nach jeder Bauphase einen Abschlag bezahlen, sondern erst zur Schlüsselübergabe die Endsumme. Das war ein Fehler. Damit ging er pleite, und noch immer laufen Prozesse.

Unser Kontakt beschränkt sich heute, wenn wir uns begegnen, auf ein »Guten Tag« oder ein »Auf Wiedersehen«. Der Grund dafür liegt in meiner Kindheit und dort soll er auch bleiben.

In Deutschland ist ein Tier nur eine Ware

Ich komme nicht aus der Tierschutzbewegung. Meine Motivation, Veganer zu werden, war eine andere, auch wenn das Leid der Tiere für mich eine große Rolle spielte. Ich versuche, durch mein Wirken Tiere zu schützen, aber ich bin kein Fachmann an dieser Front und fühle mich nicht berufen, dazu etwas Maßgebendes zu sagen. Aber ich habe Freunde, die sich auskennen. Deshalb möchte ich zu diesem Thema gern jemanden zu Wort kommen lassen, der wirklich etwas zu sagen hat: den Tierschützer Jan Peifer. Ich finde, seine Arbeit setzt Maßstäbe.

Ich lernte Jan Peifer, der heute 33 Jahre alt ist, in der Albert-Schweitzer-Stiftung in Berlin kennen. Die Stiftung setzt sich für Tier- und Menschenrechte ein, und ich wollte mich als Sponsor an einer ihrer Aktionen beteiligen: 16 Marathonläufe eines Extremsportlers in 16 Bundesländern an 16 Tagen. Jan war verantwortlich für die Pressearbeit, und anfangs wusste ich nicht, was er noch tat, er hielt es geheim. Inzwischen sind wir gute Freunde, und ich unterstütze ihn, wo ich kann. Denn seit 15 Jahren recherchiert und dokumentiert Jan Peifer Missstände der industriellen Massentierhaltung. Er war weltweit einer der Ersten, die das taten, und riskierte dabei Kopf und Kragen. Inzwischen haben sich selbst berühmte Leute in Tierfarmen und Mastbetriebe eingeschlichen, um sich ein Bild zu machen. Der amerikanische Schriftsteller Jonathan Safran Foer berichtet in seinem Buch *Tiere essen* darüber. Die deutsche Schriftstellerin Karen Duve beschreibt in ihrem Buch *Anständig essen,* wie sie mit Freunden in eine

Tierfarm eingestiegen ist. Wir alle kennen die Bilder, die Tierschutzorganisationen wie Peta im Netz und in den Medien veröffentlicht haben; die meisten dieser Fotos stammen von Jan Peifer.

In manchen Monaten schlich sich Jan fast jede Nacht in eine Tierfarm oder einen Maststall ein und filmte undercover, was er vorfand. Er hat etliche Skandale aufgedeckt und wurde im Gegenzug von der Industrie und ihren Lobbyverbänden mit Anzeigen und Prozessen überzogen. »Sie versuchen offensichtlich, mich auf diese Weise mundtot zu machen«, sagt Jan. »Dabei berichte ich nur die nackte Wahrheit.« 2011 wurde ihm vorgeworfen, wegen einer Dokumentation in einer Nerzfarm bei Hörstel (NRW) seien mehr als 1300 Nerze tot umgefallen. Dabei sei dem Betreiber ein Schaden von rund 22 000 Euro entstanden. »Das war für mich bitterernst, doch am Ende hab ich vor dem Landgericht Bonn Ende 2011 gewonnen und musste nichts zahlen.« Auch für die verarbeitende Fleischindustrie ist Jan Peifer ein Krimineller. Doch auch deren Klagen wurden letztlich alle abgewiesen. Bis heute ist Jan unbescholten und hat noch nie einen Prozess verloren. Allerdings hat er sich im Zuge des Nerz-Skandals entschieden, seine Tätigkeit öffentlich zu machen und so den Schutz der Öffentlichkeit zu suchen. Der Mann lässt sich nicht kleinkriegen. Und seine Popularität wächst. Jan betreibt ein regelrechtes Wettrüsten mit der Industrie – er arbeitet mit den neuesten Infrarot-Nachtsichtgeräten und Wärmebildkameras, er verwendet wechselnde Mietwagen. Meist ist er mit zwei anderen unterwegs, in schwarzer Tarnkleidung. In den Ställen legen alle weiße Schutzanzüge und Atemmasken an – aus gutem Grund. Überall findet Jan Trinkwasserspeicher, die mit Antibiotika und anderen Medikamenten regelrecht verseucht werden, um Krankheiten unter den Masttieren zu verhindern, ein noch schnelleres Wachstum zu garantieren und Profitverluste zu vermeiden. Einmal filmte er in einer Halle Tausende

Hühner, die kaum noch Federn hatten und sich überhaupt nicht mehr bewegen konnten. Immer wieder findet er auch tote Tiere. »Ich lege dabei nur die geltenden Bestimmungen zugrunde, die die Industrie den Verbrauchern vorgaukelt einzuhalten. Ich habe in 15 Jahren noch keine einzige Mastanlage erlebt, die eine artgerechte Haltung betrieben hätte.«

Es sind grausame Bilder, die Jan dreht, verstörend und brutal. Küken, die am Fließband aussortiert werden, martialische Schlachtmaschinen, der ganze blutige Alltag in der Hähnchenmast und in der Schweinezucht. Längst ist Jan Peifer in der Tierschutzszene ein Held. Seine Auftritte etwa bei *stern TV* machten den Enthüllungsjournalisten auch einem breiten Publikum bekannt. Ich möchte ihn, wie gesagt, für dieses Buch selbst zu Wort kommen lassen:

> »Was mich sehr traurig stimmt, ist, dass die meisten Masttiere niemals in ihrem Leben Tageslicht gesehen haben. Dass diese Kühe, Hühner, Schweine niemals den Himmel gesehen haben, niemals eine grüne Wiese, all das, was für ein normales Leben wichtig ist. Der Hühnerzüchter verdient am Ende der Mast vielleicht 15 Cent an einem Tier. Aber er hat eine Wahl. Niemand ist gezwungen, Tiere so zu halten. Firmen wie Wiesenhof betreiben aus meiner Sicht eine aktive Verbrauchertäuschung. Wiesenhof – das klingt nach einer schönen Wiese, doch die meisten Tiere sehen nie eine grüne Wiese, wie es das Wiesenhof-Logo zeigt. Der Verbraucher hat auch eine Wahl. Allerdings scheint mir, dass viele Menschen eine falsche Vorstellung davon haben, wie Tiere in Deutschland gehalten werden. Man denkt an Bauernhöfe, Farmen und Weiden, an schöne Ställe, glückliche Kühe und Hühner. Das suggerieren die Namen der Firmen und die Bilder auf den Verpackungen. Und genau das ist eben nicht der Fall. Die Wahr-

scheinlichkeit, dass vor allem Hühner aus Massentierhaltung stammen, liegt bei über 99 Prozent – egal, ob man sie im Supermarkt, im Biohandel, in der Hähnchenbraterei oder beim Metzger seines Vertrauens kauft. Das sagt eigentlich alles. Wer das nicht unterstützen will, hat nur die Alternative, auf Hähnchenfleisch zu verzichten.

Grundsätzlich breche ich nicht in Tierfarmen ein. Die Türen stehen offen, das muss ich dazu sagen. Was ich mache, ist also, wenn überhaupt, Hausfriedensbruch, denn ich breche nichts auf und zerstöre nichts. Schon als Schüler habe ich mit diesen Aktionen begonnen. Heute stelle ich meine Texte und Filme Organisationen wie der Albert-Schweitzer-Stiftung zur Verfügung oder verkaufe sie an Magazine und Sender, weil ich so meine Aktionen finanziere.

Als ich anfing, hatte ich mit Tierschutz und veganer Lebensweise gar nichts am Hut. Ich vertrug aber kein tierisches Eiweiß, und als ich das erfuhr, war es wie ein Schlag, weil ich so gern Fleisch aß. Bis heute liebe ich Fleisch. Allerdings esse ich jetzt veganes Fleisch, gern täglich. In Bonn, wo ich aufwuchs, sprachen mich eines Tages in der Fußgängerzone ein paar Tierschützer an, und ich dachte: Schau mal an, die machen freiwillig, was ich machen muss – sie verzichten auf Fleisch! Ich fing an, mich ebenfalls zu engagieren. Ostern 1997 machten wir eine Aktion in der Bonner Innenstadt: Woher kommen eigentlich die gefärbten Ostereier? Wir hatten Bilder von Legefarmen, besaßen aber die Rechte daran nicht. Also blätterte ich durch die Gelben Seiten und fuhr selbst zu einer Geflügelfarm. Mit der Kamera meiner Eltern stolperte ich dort herum, der Hühnerhalter jagte mich, und schließlich haute ich wieder ab. Aber ich hatte Bilder, und sie waren gut, und die

Rechte daran lagen bei mir. Sie wurden in einer Zeitung abgedruckt. Andere Organisationen wollten sie haben. Es gab offensichtlich einen Bedarf an authentischen Bildern, die zeigen, wie Tiere in Deutschland gehalten werden. Von da an schlich ich immer wieder in Legebatterien ein. An einer der größten Aktionen dieser Art in Deutschland war ich auch beteiligt – zusammen mit anderen habe ich über 200 Hühner da rausgeholt. Das war ein Riesenaufwand. Dabei wurde mir auch bewusst, dass das zwar toll war für diese 200 Tiere, aber ich merkte: Das ist mir zu wenig. Eine Zeit lang war ich freischaffend auch für Peta tätig, bei Aktionen wie *Lieber nackt als im Pelz*. Peta, Vier Pfoten und andere Tierschutzorganisationen wollten immer mehr Material. Sie haben mich regelrecht beauftragt.

Seit rund 15 Jahren tue ich kaum etwas anderes. Aber irgendwann stellte ich fest, dass ich Schutz benötige. Die Industrie, zum Beispiel der Geflügelzüchter Wiesenhof, merkte nämlich: Hinter den Aktionen und Aufnahmen steckt immer derselbe Typ. So kam ich auf die Idee, das Deutsche Tierschutzbüro zu gründen, einfach ein Label mit Telefonnummer, Postfach. E-Mail und Website. Damit nicht jeder wusste, wer ich war. Die Industrie ließ mich aber offensichtlich von Detektiven beschatten. Seither versucht man, mich systematisch mundtot zu machen. Ich werde permanent verklagt. Der Höhepunkt war: Man zeigte mich beim Staatsschutz an wegen Gründung einer kriminellen Vereinigung, Hausfriedensbruch in 400 Fällen, Bedrohung und Manipulation von Bildmaterial. Man versucht, mich zu kriminalisieren, denn einem Kriminellen kann man ja nicht glauben. Der Staatsschutz ermittelte circa ein halbes Jahr gegen mich. Die gegnerischen Anwälte bekamen Einsicht in die Akten und wussten jetzt alles über mich. Darum bin ich in die Öffentlichkeit gegangen und habe den Spieß umgedreht. Das war nach der Nerz-Aktion. Die Öffentlichkeit ist jetzt mein Schutz, und das Deutsche Tierschutzbüro ein Verein.

Demnächst bekomme ich eine eigene Fernsehsendung bei einem Privatsender. Wir werden klassische Tierschutzarbeit machen, Tiere befreien, denen es sehr schlecht geht, raus aus den Ställen. Wir werden darüber aufklären, wie Tiere in Deutschland gehalten werden. Unsere Waffen sind unsere Bilder und Kameras. Ein Bild sagt mehr als Worte, das ist einfach so. Und in die Augen eines leidenden Schweines zu gucken, das bewegt die Menschen. In Deutschland wird Massentierhaltung betrieben, weil es gar nicht anders möglich ist. Der Preis für Fleisch ist seit Jahren nicht gestiegen. Hackfleisch ist zum Teil billiger als Hundefutter. Das schafft man nur, indem man Tiere in eine Halle pfercht, sie mit Antibiotika vollstopft und niemals rauslässt. Über 500 Millionen Masthähnchen werden in Deutschland gehalten, und was da abgeht, kann man eigentlich kaum beschreiben. In den Legebatterien der Hühner gibt es Besatzdichten, die permanent überschritten werden, das ist normal. Zwölf Tiere statt zehn sind oft Standard. Den klassischen Bauern, den man sich vorstellt, gibt es überhaupt nicht mehr. Es sind Mäster, die eiskalt kalkulieren und am Ende an einem Tier nur wenige Cent verdienen. Das Modell rechnet sich aber durch die Masse.

Was mich besonders stört: Die Industrie betreibt aus meiner Sicht aktive Verbrauchertäuschung, weil sie auf den Verpackungen etwas anderes suggeriert. Das sagte ich eingangs schon, und darum sehe ich mich auch als Verbraucherschützer, der aufzeigen will, dass diese Verpackungen nichts mit der Realität zu tun haben. Ich unterstelle der Industrie, dass sie bewusst täuscht. Und ich möchte, dass sich der Verbraucher durch meine Bilder eine eigene Vorstellung von den Zuständen in den Ställen machen kann. Ich mache Stimmung mit meinen Bildern, in Fernsehsendungen und auf Plakaten. Wegen meiner Bilder wurden auch schon Ställe geschlossen. Und das ist eben der Grund, warum die Konzerne mich fertigmachen wollen. Aber sie schaffen es nicht. Ich bin bedroht und verprügelt worden, aber ich habe auch einen guten Anwalt.

Was ich noch alles in den Mastställen sehe? Kaninchenzüchter zum Beispiel halten die Tiere in ähnlich engen Käfigen wie Hühnerzüchter in einer Legebatterie. Die können nicht hoppeln, sich nicht aufrichten, es stinkt erbärmlich, es gibt kein Tageslicht. Das ist pure Tierquälerei, von der die deutsche Öffentlichkeit bislang nichts wusste. Oder das Schweinehochhaus: Das galt lange Zeit als Mythos. Ich hatte davon gehört und habe jahrelang danach gesucht. Vor ein paar Monaten habe ich es in Ostdeutschland gefunden, im Großraum Jena. Am Rande eines Kaffs werden dort auf sechs Etagen Schweine gemästet. Von außen sieht das Gebäude aus wie eine Schule, drinnen werden Zehntausende Schweine gehalten. Sie werden mit einem Fahrstuhl von einer Ebene zur anderen gebracht – auf einer Etage werden sie geboren und abgeferkelt, in der sogenannten Abferkelbucht, dann kommen sie auf eine andere Etage, wo sie gemästet werden. Auf wieder einer anderen Etage werden die Muttertiere besamt und anschließend zum Gebären und Abferkeln mit dem Aufzug wieder in ein anderes Stockwerk gebracht. Am Ende bringt man sie zum Schlachthof. Das habe ich alles gefilmt. Gemeinsam mit der Albert-Schweitzer-Stiftung haben wir den Mastbetrieb angezeigt. Doch solche Anzeigen bringen oft nicht viel.

Es gibt sicherlich Betriebe, in denen die Tiere auch mal raus können, Biohöfe zum Beispiel. Aber auch ein Biolabel ist keine Garantie dafür, dass die Tiere artgerecht gehalten werden. Wir haben mal eine Geschichte gemacht, die hieß: *Die Bio-Lüge.* Bis dahin hatte ich Biofleisch immer empfohlen. Seit diesen Recherchen kann ich das nicht mehr tun. Glauben Sie bitte nicht, dass es den Tieren in Biobetrieben per se gut geht. Zwar werden Masthähnchen in der Biohaltung etwa doppelt so alt – aber das heißt nur: Sie leben circa 60 statt 30 Tage. Dabei hat ein Huhn eine natürliche Lebenserwartung von mindestens sechs Jahren.

Aus Tierschutzsicht gibt es noch ein weiteres Problem: Auch in der Biohaltung werden sogenannte Hybridtypen gezüchtet, Kreuzungen, die mit einem Huhn nicht mehr viel zu tun haben. Es sind Tiere, die besonders schnell viel Fleisch und Fett ansetzen. Auch im Biobereich geht es nur darum, Profit zu machen und die Tiere schnell hochzuziehen. Allerdings unter dem Label *Bio*. Das heißt, die Käufer von Bioprodukten werden eigentlich noch mehr getäuscht, weil sie denken, die Tiere wurden unter besseren Bedingungen aufgezogen, und bereit sind, dafür auch mehr zu bezahlen. Der Hersteller suggeriert das auch gern. So verdient er mehr – und verhält sich nicht anders als herkömmliche Züchter.

Und noch etwas ist mir wichtig an dieser Bio-Geschichte. Bei der Eierproduktion hat die Industrie einen Hybriden entwickelt, ein Huhn, das etwa jeden Tag ein Ei legt, aber kein Fleisch mehr ansetzen kann. Die weiblichen Hybriden legen Eier – und die männlichen Küken werden getötet, weil man sie nicht gebrauchen kann. Sie werden geschreddert, vergast oder sonst wie getötet. Und zwar auch in der Biohaltung. Für jedes Huhn, das da herumläuft und Eier legt, wurde, statistisch gesehen, ein anderes, ›unbrauchbares‹ Huhn getötet.

Fährt man durch Deutschland, sieht man auf vielen Weiden Kühe stehen. Man denkt, das sind glückliche Kühe, sie grasen, sie sind an der frischen Luft, so schlimm kann es mit der Massentierhaltung ja nicht sein. Die Wirklichkeit sieht anders aus. Denn diese Tiere sind nur ein minimaler Bruchteil der von der Industrie gezüchteten und verarbeiteten Rinder, Kühe und Kälber. Die meisten sehen nie das Tageslicht, denn das ist billiger. Selbst in Bayern, wo wir uns gerne die Kühe auf saftigen Almwiesen vorstellen, gibt es sehr viele Ställe, in denen Kühe dauerhaft angebunden im Stall stehen. Das ist in Deutschland auch nicht verboten. Das Verhältnis von Stallkuh zu Weidekuh würde ich auf 95:5 beziffern. Das heißt, auf fünf Kühe, die wir auf der grünen Wiese sehen, kommen 95 Kühe, die noch nie das Tageslicht gesehen haben und es auch niemals sehen werden. Das ist natürlich eine Schätzung, sie beruht auf meinen Erfahrungen. Aber ich recherchiere ja nicht erst seit gestern. Gerade in Bayern war ich schon sehr oft in Kuhställen, tagsüber und nachts. Da warb zum Beispiel eine Firma damit, dass ihre Kühe alle glücklich sind und auf der Weide stehen. Ich fuhr die Ställe ab und verfolgte die Transporter. Fazit: Kein einziges Tier dieser Firma stand je auf der Wiese, zumindest nicht in der Zeit, in der ich vor Ort war. Geradezu pervers war dabei: Es gab diese Weideflächen vor jedem Stall – doch man sparte sich die Mühe, die Tiere aus dem Stall zu lassen. Ich erstattete Anzeige über das Deutsche Tierschutzbüro e. V. Doch statt die Tiere nun endlich rauszulassen, änderte die Firma ihre Verpackungen. Sie strichen einfach den Zusatz *Freilandhaltung.*

Ich fahre 100 000 Kilometer im Jahr, schlafe oft auf

der Rückbank meines Autos. Da macht man sich Gedanken darüber, was man gerade gesehen hat. Man kann zum Menschenhasser werden, denn diese Tierquälerei wird durch Menschen verursacht, durch skrupellose, eiskalte Mäster. Sie legen Tiere, die im Sterben begriffen sind, in den Müll, weil es billiger ist, sie dort verenden, als sie tierärztlich zu versorgen oder töten zu lassen. Oft werden Schweine, die krank sind, aus ihren Buchten geholt und in den sogenannten Zwischengang gelegt, wo sie keinen Zugang zu Wasser und Futter haben und verdursten und verhungern. Auch das ist billiger, als die Tiere töten zu lassen, und selbst totspritzen darf ein Züchter sein Vieh nicht, obwohl es manche vielleicht tun würden, aber das nötige ›Gift‹ dürfen sie offiziell nicht besitzen. So sterben die Tiere qualvoll. Wenn es erlaubt wäre, sie einfach draußen auf den Misthaufen zu werfen, würden das wohl auch einige Züchter tun. Allerdings sähe man dann die verendenden Tiere – und das vertrüge sich nicht mit dem gewünschten Image. Wieder einmal geht es nur um Profit – jeder Cent zählt.

Wenn möglich, nehme ich die kranken Tiere mit und bringe sie selbst zum Tierarzt, damit sie ›human‹ sterben können und vielleicht auch nicht allein sind. Manchmal können mein Team und ich sie sogar retten. Dann bekommen sie einen Platz auf einem Tierhof/Gnadenhof und können in Ruhe alt werden.

Ich habe einmal mit versteckter Kamera die Anlieferung von Kühen in einen Schlachthof gefilmt; ich konnte dort vorher unentdeckt Kameras installieren. Es kamen Kühe, die gebrochene Beine hatten, obwohl verletzte und kranke Tiere in Deutschland gar nicht geschlachtet werden dürfen, weil ihr Fleisch für den Menschen gefährlich werden kann. Aber dieser Betrieb war bekannt dafür, alles zu schlachten, was andere ablehnten, und meine Aufnahmen sollten das beweisen. Eine andere Kuh hatte sowohl gebrochene Vorder- als auch Hinterbeine, sie konnte nicht einmal mehr stehen. Die Arbeiter versuchten, sie mit Elektroschocks in die Halle zu treiben. Weil das nicht funktionierte, gossen sie Wasser über das Tier und versetzten ihm erneut Elektroschocks. Als auch das nicht funktionierte, nahmen sie ein Seil, banden es um Vorder- und Hinterläufe, befestigten es an einem Gabelstapler und schleiften die Kuh in die Halle, wo sie geschlachtet wurde. Der zuständige Amtsveterinär, der vom Staat dafür bezahlt wird, dass solche Dinge nicht vorkommen, hat sogar selbst den Eimer Wasser über das Tier gegossen. Soviel ich weiß, ist er immer noch im Dienst. Mir ist manchmal zum Kotzen. Ehrlich. Man sieht ständig, welchen Stellenwert Tiere in unserem Land, in unserer Gesellschaft haben. Sie sind eine Ware, ein Ding, Investitionsgüter, Fast nichts wert – kaum besser als ein Stück Dreck.«

Das sind harte, deutliche Worte. Ich finde es mutig und wichtig, was Jan Peifer macht. Ich könnte das nicht tun. Ich glaube, ich bin da ein Angsthase und zu weich. Ich könnte dieses Leid nicht ertragen. Ich hätte Mitleid und würde sofort alle Tiere aus dem Stall herauslassen. Umso mehr Respekt habe ich vor seiner Arbeit. Und ich bin der Überzeugung, dass der stete Tropfen den Stein höhlen wird. Je mehr solcher Geschichten ans Licht kommen, desto größer wird der Widerstand werden. Umso mehr Menschen werden fragen: Und das soll ich essen? Jan rüttelt die Menschen mit seinen Bildern wach. Natürlich weisen auch viele diese Bilder von sich, verschließen sich vor ihnen, weil sie das Elend ebenfalls nicht aushalten. Aber es bleibt immer etwas hängen – und sie wissen, da passiert etwas Unrechtes, etwas Schlimmes.

Mein Beitrag ist ein anderer. Jan schafft ein Bewusstsein,

vielleicht sogar ein schlechtes Gewissen. Ich versuche, einen Anreiz zu schaffen, Alternativen aufzuzeigen, ein gutes Gewissen zu erzeugen. Er tut es mit Aufklärung und abschreckenden Bildern. Ich tue es über den Genuss. Vielleicht gehört beides zusammen.

Auf Krawall gebürstet

Nachdem wir aus dem Stasi-Spukschloss ausgezogen waren, ging ich zwei Jahre auf eine normale Polytechnische Oberschule und wechselte dann auf die Edgar-André-Oberschule, die rote Kaderschmiede. In dieser Zeit spielte ich Eishockey bei Dynamo Berlin, deren Nachfolger heute die Eisbären Berlin sind. Das hatte, glaube ich, mein Vater noch eingefädelt, Dynamo war ja ein Stasi-Verein. Wir trainierten im Wellblechpalast, dem Sportforum Hohenschönhausen, sechsmal die Woche, gleich nach der Schule, nur sonntags war frei. Mit acht Jahren hatte ich ein Programm von acht bis zwanzig Uhr – bestes Managertraining, kann ich nur sagen.

Mit elf Jahren bekam ich das Angebot, auf die Kinder- und Jugendsportschule KJS zu wechseln. Das wäre die einzige Möglichkeit gewesen, mit dem Eishockey weiterzumachen. Mein Vater entschied jedoch, ich solle auf der Kaderschmiede bleiben – und mit Eishockey war Schluss. In der DDR brachte man es entweder zum Medaillenständer oder wurde aussortiert. Überflüssiger Ballast wurde nicht lange mitgeschleppt. Sport war schließlich keine Spaßveranstaltung. Ein Freund und Klassenkamerad, Paul, nahm mich mit zum Federballtraining. Es gefiel mir, und ich tauschte Puck gegen Federball. Auch die BSG Empor Brandenburger Tor nahm sich sehr ernst. Wir trainierten viermal die Woche. Pauls Vater war Professor, ein selbst im Westen anerkannter und berühmter Mann. Da mein Vater im Staatsdienst arbeitete, durfte ich allerdings keinen Kontakt zu Leuten haben, die ihrerseits Kontakte in den Westen hatten. Doch Paul war so anders als ich, das genaue Gegenteil – und das faszinierte mich. Er hatte, was ich nicht hatte, Freiheiten zum Beispiel und Westsachen. In der Wohnung seiner Eltern stammte fast alles aus dem Westen. Wir wurden gute Freunde und verbrachten viel Zeit miteinander. Im Federball wurde ich übrigens mal Berliner Meister im gemischten Doppel.

Zu Wettbewerben fuhr mein Vater oft mit; wieder spürte ich den Druck seiner hohen Erwartungen. Die anderen in der Mannschaft liefen mit besten Schlägern aus dem Westen auf – er besorgte mir die neuesten Hightechschläger aus Russland. West gegen Ost, das Gute gegen das Böse, er konnte einfach nicht anders. Wenn neben Schule und dem Federballtraining noch Zeit blieb, spielte ich auch Handball, bei Medizin Marzahn. Es gefiel mir, Teil einer Mannschaft zu sein, und im Tor war ich ganz gut. Wir spielten recht erfolgreich. Ich erzähle das, weil der Sport mir sehr wichtig war. Zwar herrschte auch hier ein permanenter Leistungsdruck, doch die Bestätigung im Wettbewerb und die Messbarkeit von Leistung haben mich am Sport immer gereizt.

Eines Tages, ich war neun Jahre alt, fand in meiner Schule ein Casting statt. Mitarbeiter vom Rundfunk suchten Jungen und Mädchen, die in Kindersendungen und Hörspielen mitwirken sollten. Heute denke ich, dass Vater auch hier seine Finger im Spiel hatte. Aber ich weiß es nicht.

Jedenfalls fuhr ich mit der Bahn nach Schöneweide in die Nalepastraße zur Rundfunkanstalt und sprach vor. Man nahm mich. Ich bekam eine Ausbildung zum Sprecherkind und durfte in der damals populärsten Sendung des Berliner Rundfunks mitmachen: Bei *Was ist denn heut bei Findigs los?* übernahm ich die Rolle des Pit, eines der vier Kinder der Hörspielfamilie Findig. Die Serie war sehr beliebt, eine Art GZSZ-Soap im Radio, die meisten Ossis werden sich noch daran erinnern. Sie lief jeden Morgen um kurz vor sieben Uhr, fünf

Minuten lang, dann kamen die Nachrichten. Mein Vater war sehr zufrieden, dass ich die Rolle bekam. Ein Job beim staatlichen Rundfunk – das entsprach ganz seinen Vorstellungen. Drei Jahre lang fuhr ich mehrmals die Woche in die Nalepastraße. Ich sehe noch das alte Backsteingebäude vor mir, die Kantine und das Auto, das mich abends, wenn wir alle Folgen für die folgende Woche vorproduziert hatten, nach Hause chauffierte wie einen kleinen Star. Genau dafür wurde ich allerdings auch gehänselt.

»Milchbubi!«, riefen die anderen Schüler in der Pause über den Schulhof.

»Streber«, sagten die Jungen beim Eishockey.

Als ich zwölf war, ließ ich den Radio-Job sausen. Ich wollte kein Milchbubi mehr sein. Ich schloss mich einer Gang an.

Was nun kommt, ist eines der düstersten Kapitel in meinem Leben.

Wir zogen nach Marzahn, ein Viertel, in dem das warme Wasser im 20. Jahrhundert auch im Osten wundersam aus der Wand kam und wo Familien wohnten, denen es besser ging als anderen; obwohl in der DDR ja alle gleich waren. Es lebten aber auch Arbeiterfamilien dort. Sie hausten in den Plattenbauten auf engstem Raum. Die Kriminalität war höher als in anderen Bezirken. Es gab Gangs.

Ich lernte andere Jugendliche kennen. Wir trafen uns, hingen rum und hörten Musik. Sie hörten Westmusik – DAF, Billy Idol, Einstürzende Neubauten. Einige hörten auch Böhse Onkelz. Viele waren auf Krawall gebürstet, rechts oder links, Hauptsache, sie waren gegen etwas. Wären ihre Väter in der NVA gewesen, wären sie wohl auch Pazifisten geworden und hätten Ameisen über die Straße geholfen – nur aus Protest. Im Vergleich zu ihnen war ich ein ziemlicher Softie. Doch ich passte mich schnell an. Denn ich hatte Respekt vor diesen Leuten. Sie imponierten mir, vor allem die, die kriminell waren. Wie sie rauchte ich und trank, ich prügelte mich. Ich tat alles, um dazuzugehören. Eine Gang, die Gang am Anger, nahm mich schließlich auf. Hier war man ziemlich rechts; aber wie gesagt, das hätte genauso gut auch anders sein können. Im Grunde war ihr Gehabe vor allem eine Auflehnung gegen den allmächtigen Staatsapparat – denn wie kann man einen kommunistischen und erklärtermaßen antifaschistischen Staat richtig herausfordern? Genau, mit rechten Parolen. Auch ich konnte es meinem Vater, der ja sozusagen der Staat war, jetzt mal so richtig zeigen. Mit meinen Kumpels tanzte ich Pogo, wir rempelten besoffen herum und grölten rechte Kampflieder, so wie seine Singegruppe rote Kampflieder schmetterte. Endlich hatte ich ein Ventil für all meine Wut und meinen Hass gefunden. Ich dachte auch nicht nach über das, was ich tat. Es war ein Reflex, und ich folgte ihm, ohne zu zögern. Ich fühlte mich gut. Ich fühlte mich stark – endlich.

Mit 13 Jahren habe ich mich dann bei einem der häuslichen Exzesse auch zum ersten Mal mit meinem Vater geprügelt. Anfangs wehrte ich mich. Dann schlug ich zu. So, wie ich es auf der Straße gelernt hatte.

Ich wurde Billy-Idol-Fan, trug nur noch meine Lederjacke und färbte mir die Haare platinblond. Dann rasierte ich mir den Schädel, zog eine Bomberjacke an und schnürte meine Springerstiefel. Jetzt war ich ein kleiner Fascho. Die beiden Chefs der Anger-Gang ernannten mich zum Mitanführer; dabei hatte ich eigentlich Schiss vor ihnen, denn sie waren echte Schläger und landeten auch bald im Knast. Aber ich war schlau, schlauer als sie, und das beeindruckte sie. Im Jugendklub wurde ich Einlasser – auch das eine Rolle, die ich vor allem übernahm, damit ich nicht selbst was auf die Schnauze bekam. Allerdings, das muss ich zugeben, hatte ich auch meinen Spaß. An meiner Eliteschule fanden organisierte Discoabende statt – dort ritten wir ein, mit zwanzig Mann, um die

Roten zu erschrecken. Wir mischten die Tanzfläche auf, tanzten Pogo, rempelten rum und prügelten uns. Am nächsten Tag saß ich wieder im Unterricht. Doch ich scherte mich immer weniger um die Schule. Schon morgens saß ich betrunken im Matheunterricht, ich ließ Deutsch und Russisch und Staatsbürgerkunde an mir vorbeiziehen. Mein Vater reagierte mit dem einzigen Mittel, das ihm zur Verfügung stand, und da er wusste, dass ich mich nun wehren würde, richtete er seine Wut immer öfter gegen meine Mutter. Sie musste quasi für mein Verhalten büßen – denn wegen ihrer Laschheit und Inkonsequenz war aus mir so ein Versager geworden. Einer, der ständig Ärger mit der Polizei hatte. Allerdings wurden bei Prügeleien und Diebstählen immer nur meine Kameraden verurteilt, ich selbst hatte Glück oder machte mich einfach schnell genug aus dem Staub. Und niemand traute sich, mich zu verpfeifen. Obwohl ich mich oft genug vor den anderen fürchtete, begegnete man mir auf der Straße mit Respekt.

Als ich mit 14 Jahren den Eignungstest für die Offizierslaufbahn in seinem Wachregiment nicht bestand – man hatte mich aus gesundheitlichen Gründen ausgemustert –, war das für meinen Vater ein weiterer, ziemlich herber Schlag. Mir war es egal. Dass ich der Abwärtsspirale letztlich doch entkam, verdanke ich einem Mädchen, Kathrin, meiner großen Jugendliebe. Ich verbrachte nun viel mehr Zeit mit ihr als mit meinen alten Kumpels, von denen viele früher oder später im Knast landeten. Einer ist, glaube ich, heute eine große Nummer bei den Hells Angels. Manchmal sehe ich Fotos von ihm auf Facebook – meine Villa, meine Harley, mein Porsche. Auch er soll mehrfach im Gefängnis gesessen haben, angeblich wegen Drogengeschäften. Mir blieb diese Karriere erspart. Und Kathrin und ich haben geheiratet.

Meinen kleinen Bruder traf das Schicksal härter.

Bei meinem Bruder wollte mein Vater alles besser machen, was er an mir versäumt hatte. Er steckte ihn ebenfalls in eine Eliteschule und übte noch mehr Druck auf ihn aus als auf mich. Doch mein Bruder war ein guter Schwimmer und entschied sich früh für eine Sportlerkarriere. Mit zehn Jahren wechselte er auf ein Sportinternat und entzog sich Vaters Zugriff. Er wurde zu einem der seinerzeit besten Rückenschwimmer der Welt, eines der großen Talente der DDR. Mein Bruder war, anders als ich, der gute Sohn, und unser Vater gab mächtig an mit seinen Leistungen, mit seiner Linientreue und den Erfolgen und Titeln, die er sogar im Ausland holte.

Dann kam die Wende.

Für meinen Bruder kam sie zu früh. Er war gerade 15 Jahre alt, als die DDR – und mit ihr das ganze staatliche Hochleistungssystem – zusammenbrach. Der Sport war sein ganzes Leben gewesen – und nun zerplatzte alles wie eine Seifenblase. Sein Trainer wurde angeklagt. Es stellte sich heraus, dass Sportler gedopt hatten. Im Hochleistungssport des Ostens war das normal, es wurde überhaupt nicht hinterfragt.

Mein Bruder fiel in ein großes, großes Loch.

Er schaffte gerade noch sein Abitur. Zu dieser Zeit, ungefähr 1994, verkehrten sich somit die Verhältnisse: Ich hatte längst aufgehört zu trinken, hatte mich aus meiner rechten Gang gelöst, ein BWL-Studium begonnen und war bei Mercedes auf der Überholspur.

Antifaschistische Gruppen haben wiederholt darauf hingewiesen, dass mein Bruder in der rechten Szene aktiv sei. Er hat sich gegen solche Vorwürfe nicht gewehrt.

Eine Zeit lang habe ich versucht, mit meinem Bruder zu reden. Ich wollte ihm helfen und besorgte ihm unter großem persönlichen Risiko bei Mercedes Arbeit. Doch schließlich habe ich aufgegeben. Er ist mein Bruder, doch obwohl wir zusammen aufgewachsen sind, trennen uns Universen. Ich konnte sein Verhalten nicht mehr nachvollziehen. Er ist eigentlich ein kluger Mensch, doch wenn er Kathrin und mich besuchte, gab er für uns unerträgliche Dinge von sich. Um uns und vor allem unsere Kinder zu schützen, beendeten meine Frau und ich den Kontakt.

Inzwischen arbeitet er bei Thor Steinar, einem Modelabel, das in der rechten Szene sehr beliebt ist. In gewissem Sinn hat er Karriere gemacht. Unser Vater ist nach wie vor stolz auf ihn.

Warum erzähle ich das alles?

Weil es mir nicht leichtfiel, mit meinem Vater und meinem Bruder zu brechen. Ich habe es getan, um selbst zu überleben. Diese Familie hat etwas, was ich sonst nur von den Corleones aus den Mafiaepen *Der Pate* kenne: Immer, wenn ich glaube, ich sei raus, zieht es mich umso tiefer hinein. Mit Veganz sprechen wir auch Kunden an, die in der linken Szene aktiv sind. Sie sind nicht dumm. Sie informieren sich über die rechte Szene und stoßen dabei natürlich auf den Namen meines Bruders. Sie werfen uns in einen Topf. Es gibt Boykottaufrufe, die behaupten, wir seien ein rechtsorientierter Laden. Man hat uns schon die Fensterscheiben eingeworfen und Antifa-Parolen an die Wände geschmiert. Meine Mitarbeiter, die, wenn überhaupt, politisch links orientiert sind, wurden bedroht und trauten sich nicht mehr, bei mir zu arbeiten. Zeitweise brach ein regelrechter Shitstorm über mich und die Firma herein. Anfangs habe ich mit langen Stellungnahmen und Anwälten reagiert. Doch das macht es nicht besser. Ich kann nichts dagegen tun, dass die extreme Linke auf Anti-Veganz-Kurs ist. Inzwischen gehe ich nicht mehr gerichtlich gegen ihre Aktionen vor, denn ich will ihnen nicht noch in die Hände spielen. Ich selbst gehöre keiner Partei an. Ich möchte nichts weiter, als die Welt ein kleines Stück besser zu machen. Doch die Scharmützel sind nicht ohne. Neulich lieferte ich Essen für ein Catering bei einem Yoga-Festival im Kreuzberger Kiez aus. Wir bauten gerade auf, da kamen zwei junge Mädchen. Sie sahen den Firmenwagen mit dem Veganz-Logo darauf. Und als wäre es eine anerkannte, unumstöß-liche Tatsache, sagte eine der beiden: »Veganz? Ihr seid doch diese Rechten.«

In solchen Momenten weiß ich, welche Schatten meine Familie immer noch auf mein Leben wirft.

Städte des Wandels

Seit einigen Jahren wächst eine Bewegung, die die Welt verändern will. Sie soll besser werden, als sie heute ist – nachhaltiger und gerechter, und weil die Initiatoren der Bewegung der Politik nicht zutrauen, angemessen auf den Klimawandel und andere aktuelle Herausforderungen zu reagieren, haben sie zu einer Art Graswurzelbewegung aufgerufen. Überall auf der Welt, vor allem in den westlichen Industrienationen, gibt es inzwischen sogenannte *Transition Towns,* Städte im Wandel – Kommunen, die damit begonnen haben, die abstrakte Idee in konkrete Projekte umzusetzen. Ich finde das sehr spannend.

In Witzenhausen beispielsweise, einem 15 000-Seelen-Ort in der Nähe von Kassel, leben etwa 20 junge Leute auf einem Bauernhof. Auf ihren Äckern bauen sie Gemüse an – Kürbisse, Brokkoli, Möhren, Zwiebeln, Kartoffeln. Als vor einer Weile auf einem Teil der Fläche ein Altenheim gebaut wurde, dachten sie sich: Warum nicht mit den Senioren gemeinsam säen und ernten? So entstand eine Art Mehrgenerationen-Garten, und heute kann jeder, der will, auf den Gemeinschaftsäckern sein eigenes Gemüse anbauen. Die kleine alternative Gemeinde nennt sich Transition Town Witzenhausen. Die meisten Bewohner sind Studenten der Universität Kassel, die in Witzenhausen eine Nebenstelle mit einem Lehrstuhl für Ökologische Agrarwissenschaften unterhält. Nach dem Studium wollen die meisten als Berater für Nichtregierungsorganisationen arbeiten, im Naturschutz oder in Ökobetrieben.

Man könnte dieses versprengte Häuflein gut meinender Studenten als Spinner und Träumer bezeichnen, lächeln und sie wieder vergessen. Doch das wäre ein Fehler, denn die Idee hat Hand und Fuß. Sie geht auf den irischen Universitätsdozenten für ökologisches Bauen und Umweltaktivisten Robert Hopkins zurück. Zu Beginn des neuen Jahrtausends erfuhr er von der sogenannten *Peak-Oil*-These. *Peak Oil* beschreibt den Zeitpunkt, an dem weltweit der Höhepunkt in der Erdölproduktion erreicht sein würde; anschließend würde die Förderung stetig abnehmen, was zu verheerenden wirtschaftlichen und sozialen Folgen führen könnte. Hopkins entwickelte daraufhin zusammen mit seinen Studenten am Kinsale College of Further Education die Grundlagen für die *Transition Towns*. Die Gemeinde Kinsale übernahm das zukunftsweisende Konzept, kurz darauf folgte Hopkins Heimatstadt Totnes dem Beispiel. Inzwischen nennen sich ungefähr 420 Kommunen in über 30 Ländern *Transition Towns,* die meisten davon befinden sich in den USA, Großbritannien und Kanada. In Deutschland gibt es bisher zehn Städte im Wandel, neben Kassel unter anderem auch in Bielefeld oder Berlin-Friedrichshain. Ein internationaler Dachverband der *Transition-Town*-Bewegung gibt Handbücher heraus und hat einen Stufenplan entwickelt, an dem sich interessierte Kommunen orientieren können. Er gibt Tipps zur Bildung einer Initiativgruppe und beschreibt einen sogenannten Energiewende-Aktionsplan. Selbst erklärtes Ziel ist es, den »Übergang in eine postfossile, relokalisierte Wirtschaft« zu vollziehen, die Städte und Gemeinden der Macht der Großkonzerne zu entziehen und stattdessen die Entwicklung und Entfaltung kleinerer lokaler Wirtschaftskreisläufe und Märkte zu fördern. Warum sollen meine Mohrrüben aus China oder Marokko kommen? Warum soll ich Mais essen, der aus den USA importiert wird, wenn er auch hierzulande angebaut werden kann? Nach meinem Eindruck sehen sich viele Aktivisten in den *Transition Towns* in der Tradition von Bewegungen wie Attac oder Occupy.

Erste Forschungen zur *Peak-Oil*-Theorie legte übrigens bereits in den 1950er-Jahren der US-Geologe und Shell-Ölexperte Marion King Hubbert vor. Manche sahen den *Peak Oil* dann in den 1970er-Jahren erreicht, als es zur ersten und zweiten Ölkrise kam; einige von Ihnen werden sich noch an das allgemeine Sonntagsfahrverbot und das gespenstische Bild leerer Autobahnen in Deutschland erinnern und an spitzfindige Bürger, die Pferde oder Ochsen vor ihre Fahrzeuge spannten. Anschließend ging es in der Ölproduktion jedoch wieder aufwärts, und auch heute kann man darüber streiten, wann der Punkt des *Peak Oil* tatsächlich erreicht sein wird. Derzeit setzten die USA auf die ökologisch umstrittene Methode des Fracking, um unabhängiger von der Weltölproduktion zu werden. Dabei bedeutet *Peak Oil* nicht, dass ab diesem Tag X alle Tankstellen zumachen können, sondern dass von da an die Förderung sinkt und die Ressourcen knapper und damit teurer werden. Das allerdings hätte dann tatsächlich katastrophale Folgen, die man sich leicht ausmalen kann.

Die *Transition-Town*-Idee gewinnt weltweit immer mehr Interessenten, neudeutsch könnte man auch sagen: Follower. In vielen Städten und Kommunen organisieren Gruppen von Menschen Umwelt- und Nachhaltigkeitsaktionen. Ihnen ist nicht egal, was mit unserem Planeten geschieht. Sie wollen den CO_2-Ausstoß stoppen, die Überfischung der Ozeane, die Massentierhaltung, den Treibhauseffekt. Sie wollen, dass auch nachfolgende Generationen eine lebenswerte Welt vorfinden, sie handeln nicht nach dem Prinzip: Nach mir die Sintflut!

Natürlich ist es nur ein winziger Beitrag, wenn ein Einzelner seinen Müll trennt oder sein Auto mit anderen teilt – während anderswo Milliarden Menschen Energie und Rohstoffe verschwenden, ohne eine Sekunde darüber nachzudenken. Was nützt mein Tun dem Planeten, könnte man fragen. Und die Antwort wäre niederschmetternd: Es nützt herzlich wenig ... Doch der Grundgedanke, diesem verschwenderischen Immer-mehr-immer-mehr endlich etwas entgegenzusetzen, den teile ich. Und je mehr Menschen so denken, desto mehr nützt es ... Je mehr Menschen beispielsweise weniger Fleisch essen und sich stattdessen pflanzlich ernähren, desto mehr verändert sich das System der Massentierhaltung.

Es ist gut, dass diese Veränderung längst begonnen hat: Viele Verbraucher achten, und nicht erst seit dem Bioboom, darauf, was in ihren Einkaufskörben landet. Sie drosseln ihren Energieverbrauch und bringen leere Flaschen zum Glascontainer. Sie kaufen weniger und leben bewusster. Sie lesen dieses Buch. Ihnen ist nicht egal, was aus unserer Erde wird. Sie haben den ersten Schritt in eine neue Zukunft bereits getan. Wie die jungen Leute in Witzenhausen.

Ich bin der Klassenfeind

Deutsche müssen einig sein, deshalb treten wir die Mauer ein. Ohne groß darüber nachzudenken, hatte ich den Satz im Chemieunterricht auf die Schulbank gekritzelt. Dann fügte ich hinzu: *Schwarz-Rot-Gold – in der Mitte ist das Problem.* Damit meinte ich Hammer, Zirkel und Ährenkranz, die Symbole im Staatswappen der Deutschen Demokratischen Republik. Symbole des Kommunismus.

Es dauerte nicht lange, bis man die Kritzeleien entdeckte. Und man konnte sie schnell zuordnen. In der Schule wimmelte es von Kaderleuten, und ich galt ohnehin als Außenseiter. Natürlich konnte nur ich das gewesen sein. Innerhalb kurzer Zeit klingelten überall die Telefone, und am nächsten Morgen beim Appell wurde ich auf den Schulhof zitiert und vor 800 Leuten an den Pranger gestellt: Da ist er, der Klassenfeind. Der Abtrünnige. Das Schwein.

Die Sache wurde ziemlich hoch gehängt, und selbst mein Vater konnte nichts mehr ausrichten. Wer in der DDR durchs Raster fiel, hatte nichts mehr zu erwarten. Bei einem derart groß angelegten Diskriminierungsverfahren geht es einem nicht gut. Ganz egal wie mutig man ist oder wie scheiße drauf.

Es war ein regelrechter Spießrutenlauf: Zuerst wurde ich verhört. Dabei behandelte man mich, einen 14-jährigen Schüler, der zwei Sätze auf eine Schulbank gekritzelt hatte, wie einen Schwerverbrecher. Dann leitete man ein FDJ-Ausschlussverfahren ein. Dieser Ausschluss aus der Freien Deutschen Jugend hatte Folgen: Ich würde nicht die Erweiterte Oberschule besuchen dürfen. Während dieses Verfahrens musste ich mich sogar den Gremien verschiedener FDJ-Gruppen persönlich stellen – mich so als Systemfeind vorführen zu lassen, das hat mir wirklich körperliche Schmerzen bereitet. Ich fühlte mich wie ein Geächteter, einer, der für alle sichtbar ein Brandmal trug. Und schließlich wurde ich zur Strafe zu so etwas wie Sozialdienst auf der Siechenstation eines Altenheims verurteilt. Auch das war eine einschneidende Erfahrung: Jeden Tag starben dort Menschen. Viele Alte lagen apathisch und allein gelassen in ihren Betten. Ich musste ihnen den Hintern abwischen und die Krankenzimmer putzen. Ein Patient sprang sogar in seiner Verzweiflung aus einer Art Arrestzelle heraus aus dem Fenster. Ich sah ihn tot unten am Boden liegen ...

Auch meinen Vater ließen sie spüren, dass ich zu weit gegangen war. Und er rächte sich. In der Nacht, als ich schlief, schnitt er mir meine einzige lange Haarsträhne ab. Die Prügelei daraufhin muss ich wohl nicht im Detail schildern ...

Ich sage es mal so: Ich habe diese Sätze damals ziemlich unreflektiert hingekritzelt. Ich war im Grunde eher ängstlich und ein Mitläufer, vor allem in dieser Szene in Marzahn, die sich in rechten Posen gefiel, aber mit wirklichen Neonazis wie denen im Westen oder denen in den neuen Ländern nach der Wende nichts zu tun hatte. Ich ahnte nicht einmal, welche Konsequenzen meine Schmierereien haben könnten. Und an jeder anderen Schule wäre das Ganze wohl auch nicht so dramatisch verlaufen wie eben an jener roten Eliteschule. Woanders hätte ich mich nicht mit ein paar pubertären Kritzeleien um meine Zukunft gebracht.

»Du wirst den Rest deines verpfuschten Lebens in irgendeiner Fabrik stehen!«, brüllte mein Vater. »Und du kannst froh sein, wenn du da noch am Band stehen und Löcher stanzen darfst.«

Als 14-Jähriger glaubt man das.

Ich war erledigt. Immerhin warf man mich nicht von der

Schule. Obwohl das fast die schmerzhaftere Entscheidung war, denn überall war ich nun für jeden nur noch »der Klassenfeind«. Sogar die Erstklässler nannten mich so.

Zwei Jahre dauerte es noch bis zu meinem Abschluss. Da die Folgen meines Verhaltens mich aber tief erschüttert hatten, bekam ich irgendwie die Kurve. Ich sah zwar immer noch anders aus als die anderen, und manchmal hing ich auch noch mit meinen Kumpels aus Marzahn ab. Doch zu dieser Zeit lernte ich zum Glück auch Kathrin kennen. Ich riss mich zusammen und fing an, wieder für die Schule zu lernen. Meine Noten verbesserten sich deutlich, und nach der zehnten Klasse machte ich das Russisch-Abitur. Das war eigentlich gar nicht so schwierig, denn ich hatte ja früh angefangen, Russisch zu lernen. Im Rahmen des Schüleraustauschs hatte mein Vater mich immer wieder in russischen Gastfamilien untergebracht. Wenn ich auch sonst nicht viel gelernt hatte – Russisch konnte ich. Bloß die weiterführende Schule, die EOS, war mir verbaut. Darum brauchte ich an ein Studium gar nicht zu denken. Ein Vaterlandsverräter durfte nicht studieren.

Es war meine Mutter, die mir über Bekannte eine Lehrstelle bei den Berliner Verkehrsbetrieben besorgte, als letzten Ausweg sozusagen. Ich sollte eine Lehre als Kfz-Mechaniker machen.

Von Bienen und Menschen

Albert Einstein soll einmal gesagt haben, wenn die Bienen ausstürben, habe der Mensch nur noch vier Jahre zu leben. Ob Einstein als Prophet so gut war wie als Physiker, mag dahingestellt sein.

Fakt ist, dass es ein Drittel von dem, was wir essen, ohne Bienen nicht geben würde, und Fakt ist auch, dass die Bienen sterben, und zwar in Scharen und auf mysteriöse Weise.

Vielen ist nicht bewusst, was sich für eine Massenindustrie hinter dem so natürlich anmutenden Honigprodukt verbirgt, und mit welchem Aufwand Bienen gesteuert zum Bestäuben eingesetzt werden – mit gravierenden Folgen. In den USA werden die Bienen zum Bestäuben der Blüten mit Lkws quer durch Amerika gefahren. Im Februar beginnt die Reise in Kalifornien für die Mandelblüte und Kirschblüte, dann geht es in den Washington State für die Apfel- und Aprikosenblüte. Im Sommer dann nach North Dakota zur Honigproduktion, Anfang Oktober zurück nach Kalifornien zum Überwintern der Bienenstöcke. Die Bienen stehen auf den langen Reisen in den Lkws unter extremem Stress und werden gezwungen, immer genau die Pflanzen zu bestäuben, die ihnen von uns Menschen vorgesetzt werden. Dabei sind Bienen eigentlich blütentreu und bestäuben immer nur eine Pflanzenart, Äpfel, Kirschen oder Mandeln. Auf den Plantagen in den USA werden 1,5 Millionen Bienenvölker zusammengebracht, mit der Folge, dass sie sich gegenseitig mit Krankheiten und Parasiten anstecken. In ganz Europa, Amerika und China kann heute daher keine Biene mehr ohne Medikamente überleben!

2006 kam eine Nachricht aus den USA, die Imker in aller Welt in Angst und Schrecken versetzte: Milliarden Bienen verendeten plötzlich und ohne ersichtlichen Grund. Wissenschaftler sprachen vom *Colony Collapse Disorder,* einem Völkerkollaps. Und sie waren ratlos – hatte der Massentod der Bienen mit einer Genmutation zu tun? Waren neue Schädlinge, Pestizide, Mobilfunkstrahlungen oder ein Virus dafür verantwortlich? Der österreichische Verein gegen Tierfabriken mutmaßte, die massenhafte Honigproduktion und der damit einhergehende Einsatz von Pestiziden habe das Bienensterben verursacht. Man kritisierte, dass Imker den Bienen ihre natürliche Nahrung, den Honig, nähmen und sie stattdessen mit einer Industriezuckerlösung fütterten. Ohne den Honig, der Nektar und Pollen verschiedenster Pflanzen enthält, könnten die Bienen kein funktionierendes Immunsystem aufbauen.

Stellen Sie sich vor, Sie sammeln täglich fleißig Pollen, füllen Ihre Waben und dann kommt jemand, bläst Ihnen Rauch ins Gesicht, schabt alle Waben leer, schubst Sie herum und verfrachtet Sie in eine andere, kleinere Behausung. Unter solchen Bedingungen produziert eine Biene, die so vier bis fünf Wochen leben »darf«, einen Teelöffel Honig. Für ein Kilo Honig muss ein Volk drei Mal um die Erde fliegen.

Bienen filtern Gifte in ihren Körpern, um ihren Nachwuchs zu schützen, der möglichst reinen Honig fressen soll. Aber es bleiben immer Rückstände von Pestiziden und Medikamenten. Die Bienen haben dadurch keine natürlichen Abwehrkräfte mehr und erkranken schneller. Wenn wir weiterhin Honig in solchen Mengen produzieren und verzehren, könnte das Bienensterben dazu führen, dass 75 Prozent unserer Nutzpflanzen nicht mehr ausreichend bestäubt würden. Das wiederum würde Milliarden von uns Menschen ihre Ernährungsgrundlage entziehen.

Die Bienen sterben am Erfolg der Zivilisation, sie sterben durch den Menschen, der aus wilden Bienen in »Massenbienenhaltung« gefügige Nutztiere gemacht hat. Sie werden unnatürlich gehalten und gemästet, nicht anders als Hühner, Schweine oder Rinder in dunklen Ställen. Dadurch sind sie nicht mehr selbst überlebensfähig, sie werden abhängig vom Menschen und resistent gegen Umwelteinflüsse.

In China hat die Regierung vor Jahren die Tötung von Spatzen angeordnet, weil diese die Ernten zerstört haben. Als Folge hat sich Ungeziefer rasant vermehrt. Um dieser Plage Herr zu werden, wurde sie mit Pestiziden bekämpft, die dann leider auch die Bienen getötet haben. Es gibt bereits mehrere Regionen in China, in denen es keine Bienen mehr gibt. Hier muss der Mensch heute die Blüten der Pflanzen sehr aufwendig mit der Hand bestäuben, um überhaupt noch Früchte ernten zu können.

Ich will die Ausführungen nicht als wissenschaftlichen Beweis anführen, lediglich als Gedankenanstoß. Wenn man das alles weiß, sich die Folgen vor Augen führt und zudem bedenkt, dass Honig ein tierisches Produkt ist, ist es nur mehr konsequent, auf Honig zu verzichten. Um mehr über die Situation der Bienen und die gravierenden globalen Auswirkungen zu erfahren, empfehle ich Ihnen sehr den Dokumentarfilm *More Than Honey* von Markus Imhoof.

Es ist seltsam, dass wir Menschen mit Insekten viel weniger Mitleid haben als mit anderen Tieren, vor allem manchen Säugetieren. Sie alle sind schließlich Lebewesen. Warum streichle ich einen Hund – und töte ein Schwein? Das Schwein steht dem Menschen doch genetisch viel näher als der Hund und ist zudem wesentlich intelligenter. Doch ein Schwein gilt als Nutztier und ein Hund als Kuscheltier. Nur – wer definiert, wo diese Grenze zu ziehen ist? Bin ich ein Mörder, weil ich Auto fahre und dabei Fliegen töte, wenn diese während der Fahrt gegen meine Windschutzscheibe klatschen? Es gibt einige Menschen, die so denken und Autofahrer dafür verurteilen.

Ich finde, kein Volk sollte ein anderes Volk sich unterordnen und es für sich arbeiten lassen. Ich bin dagegen, dass wir künstlich Bienenvölker erschaffen und die natürlichen Bienenvölker ausrotten, nur weil wir ihren Honig essen wollen (und das selbstverständlich so billig wie möglich).

In dem Science-Fiction-Film *Planet der Affen* drehen die Tiere den Spieß um und machen die Menschen zu ihren Untertanen – sich so eine Welt einmal vor Augen zu führen schadet nicht ... Wir müssen heutzutage keine anderen Lebewesen mehr für unsere Zwecke ausbeuten. Vor 50 Jahren war ein Stück Fleisch keine Massenware. Käse, Milch und Eier waren wertvolle Lebensmittel, die die tägliche Nahrung ergänzten. Heute ist Milch billiger als Benzin, und zehn Eier kosten weniger als manche Flasche Haarshampoo, denn wir haben es geschafft, Tiere in Massen zu züchten und tierische Produkte industriell herzustellen. Eine Kuh gibt inzwischen ein Vielfaches mehr an Milch, als es von Natur aus einmal vorgesehen war. Kein Kalb trinkt täglich 26 Liter Milch ...

Natürlich möchte ich niemandem sein Honigbrötchen zum Frühstück streitig machen. Ich möchte Sie nur ein wenig ins Nachdenken bringen. Und vielleicht schmeckt Ihnen das Brötchen dann ja auch mit Marmelade? Würden Sie da wirklich etwas vermissen?

Im Osten ist der Mechaniker ein König

Anfangs schien es wie der letzte Ausweg, doch bald merkte ich, dass ich es als Kfz-Mechaniker gut getroffen hatte. Auch im Arbeiter- und Bauernstaat konnte nicht jeder, der wollte, Facharbeiter werden, viele Lehrstellen bekam man nur durch Beziehungen. Wer eine handwerkliche Ausbildung hatte, konnte sich, in gewissen Grenzen natürlich, selbstständig machen und ganz gut verdienen. Vor allem Tischler, Maurer, Maler und eben Kfz-Mechaniker waren sehr begehrt. Selbst der Beruf des Gebäudereinigers war hart umkämpft.

Meine Mutter, die es geschafft hatte, mich in einer Autowerkstatt unterzubringen, hatte die Sache so geschickt eingefädelt, dass ich sogar eine Ausbildung mit berufsbegleitendem Abitur machen konnte, eine Möglichkeit, die es nur selten gab. Für mich war das zu dem Zeitpunkt die beste Lösung, viel besser, als weiter zur Schule zu gehen. Ich arbeitete im VEB Kombinat Berliner Verkehrsbetriebe auf dem Taxenhof. Taxen gehörten auch zu den öffentlichen Verkehrsbetrieben. Es waren meist Wolgas und Ladas, beliebte russische Marken. Sie waren nicht besonders kompliziert konstruiert, und ich lernte schnell. Vor allem aber hatte ich Zugang zu technischen Informationen, Ersatzteilen und Sonderwerkzeugen, die man brauchte, um die Dinger wieder flottzukriegen – und das war im Osten Gold wert! Schätzungsweise die Hälfte aller Ersatzteile landete sonst wo, nur nicht in den Taxen der BVB – so machten die Meistergesellen ihr Geld. Wer im Osten aufwuchs, lernte früh, wie man am besten zurechtkam. Ich verdiente bald einiges schwarz dazu.

Es war eine tolle Zeit.

Ich hatte damals schon ein Motorrad, eine MZ 150, die ich umbauen und tunen konnte, wie ich wollte. Dadurch geriet ich in meinem Viertel in eine Art Motorradgang. Ich war einer der wenigen, der alle Motorräder reparieren konnte, und so verdiente ich bald noch mehr Geld. Ich konnte mich ganz gut über Wasser halten. Es war fast schon wieder elitär. Mein Job steigerte auch die Beliebtheit meines Vaters. Seine Kollegen besuchten ihn und luden ihn auf ein Bier ein. Dabei erkundigten sie sich nach mir, genauer gesagt, nach meinen Reparaturkünsten und Ersatzteilen – ob ich dies oder das vielleicht besorgen könne? Üblicherweise musste man nämlich, wenn man sein Auto oder Motorrad reparieren lassen wollte, in einer normalen Werkstatt der DDR erst einmal ein paar Monate auf einen Termin warten. Für Ladas beispielsweise gab es in ganz Ostberlin gerade einmal zwei oder drei Werkstätten. Hatte man dann einen Termin, musste man die Mechaniker schmieren. Dabei waren Reparaturen wie Ersatzteile ohnehin schon absurd teuer. Handwerk hat goldenen Boden – das war ein beliebter Spruch in der DDR. Wer ein Einfamilienhaus besaß, war meistens auch Handwerker.

Nun war ich also kein Versager mehr. Mein Vater fing an, mich mit anderen Augen zu sehen. Vielleicht war ich nicht der Sohn, den er sich wünschte, aber immerhin war ich nützlich und auf einem gewissen Weg. Ich reparierte die Autos seiner Bekannten. Ich reparierte die Autos meiner Kumpels. Ich reparierte die Autos der Kumpels meiner Kumpels und der Bekannten seiner Bekannten. Ich hätte eigentlich gar nicht mehr bei der BVB arbeiten zu brauchen, so viel hatte ich zu tun. Mit der Zeit besorgte ich mir auch eigenes Spezialwerkzeug. Zu Weihnachten wünschte ich mir technische Geräte, eine Stroboskoplampe zum Beispiel, mit der man die Zündung von Viertaktermotoren einstellen konnte.

Geld, Kumpels, ein Motorrad, eine Freundin – es ging mir

gut. Mit 18 Jahren hatte ich dann sogar mein erstes Auto. Normalerweise musste man in der DDR zehn bis fünfzehn Jahre auf einen Trabi warten. Ich fuhr einen Wartburg, den Mercedes des Ostens. Eine coole Karre, ein Dreizylinder-Zweitakter, für uns so etwas wie ein V8-Boxermotor. Mit dem Wartburg fuhr ich nach Ungarn. Mein Vater flippte aus. Aber er beruhigte sich auch wieder. Zu dieser Zeit war er wegen seiner aggressiven Ausbrüche gerade wieder in Behandlung, diesmal lernte er autogenes Training und wurde beruflich ziemlich kaltgestellt. Mit meiner Mutter stritt er nach wie vor – doch mir gegenüber hielt er sich immer öfter zurück.

Im November 1989 arbeitete ich auf einem Betriebshof der BVB in Weißensee und reparierte Busse im Schichtdienst. Nachts nach der Arbeit schlief ich gleich in einem der Busse; am nächsten Morgen werkelte ich weiter an den Autos meiner Freunde.

Am Tag, als die Mauer fiel, ging ich abends früh ins Bett, weil ich am nächsten Morgen Schule hatte. Als ich in der Frühe rausfuhr nach Pankow, war ich der Einzige, der vor der Schule stand ... Kein Lehrer weit und breit, alle Türen verschlossen, seltsam. Ist heute Feiertag, fragte ich mich. Dann stieg ich wieder auf mein Motorrad. Der Verkehr auf den Straßen war normal, wie immer. Ich besuchte zwei Kumpels. »Hast du keine Nachrichten gehört?«, fragten sie, völlig aufgeregt.

»Nee«, sagte ich.

Sie erzählten mir, was in der Nacht zuvor geschehen war – ich konnte es nicht glauben. So schnell es ging, fuhren wir zum Grenzübergang Bornholmer Straße. Dort war die Hölle los. Menschenmassen, wie ich es noch nie erlebt hatte, alle fielen sich um den Hals und lachten und weinten und liefen hin und her zwischen Ost und West. Es war wie in einem Traum. Die Grenzer, die immer noch auf ihren Posten standen, wenn auch nicht mehr mit der gewohnten Autorität, wollten mich mit meinem Motorrad aber nicht rüberlassen. Ich stellte es ab. Doch auch zu Fuß ließen sie mich nicht rüber.

»Der Ausweis ist eingerissen.«

»Na und?! Ist doch egal, wir sind doch jetzt frei!«

Der Mann blieb stur. Und ich musste allein im Osten bleiben, während meine Freunde rübermarschierten in den Westen.

Fahr ich eben zur nächsten Polizeistation und hole mir einen neuen Ausweis, dachte ich. Doch auch dort war ich nicht der Einzige.

Tag für Tag machten alle rüber, bloß ich saß in Ostberlin fest. Erst zwei Wochen nachdem die Mauer gefallen war, lief ich mit Verwandten, die aus Sachsen gekommen waren, über die Oberbaumbrücke von Friedrichshain nach Kreuzberg. Wir liefen durch den Kiez – und fanden alles schrecklich. Es war schmutzig und heruntergekommen und irgendwie düster. Ich fühlte mich überhaupt nicht wohl. Ich hatte ja keine Ahnung, dass Kreuzberg ein spezielles Pflaster war.

In der Skalitzer Straße holten wir unser Begrüßungsgeld ab – 100 D-Mark. Wir gingen weiter zum Halleschen Tor, fuhren zum Kurfürstendamm, und bei WOM kaufte ich drei Schallplatten – von den B-52's, Sinead O'Connor und Depeche Mode. Dann war das Geld weg. Weil es inzwischen keine Grenzkontrollen mehr gab, holte ich mir mit meinem alten Ausweis aber einfach ein zweites Mal Begrüßungsgeld. Wieder war ich nicht der Einzige ... Diesmal ging ich mit meinem Westgeld ins Kino, in den Zoo Palast und ins Kino im Marmorhaus am Ku'damm. Eine Eintrittskarte kostete zehn D-Mark – ganz schön happig für einen Ossi. Überhaupt fühlte ich mich als Ossi im Westen ziemlich minderwertig.

Und ich glaube, auch damit war ich nicht allein ... Ich versuchte, nicht auszusehen wie ein Ossi, aber das versuchten damals viele Ossis, und genau deswegen sahen die Wessis uns sofort an, dass wir eben doch Ossis waren. Ich kann nicht mal sagen, warum, aber bald verlor ich das Interesse und fuhr nur noch selten rüber nach Westberlin.

Meine Eltern fuhren gar nicht in den Westen. Sie weigerten sich, den Ostteil der Stadt zu verlassen. Sie waren in ihren Grundfesten erschüttert, es war, als hätten sie den Krieg verloren. Auch mein Bruder verstand die Welt nicht mehr. In unserer Familie schlug die Wende wirklich wie eine Bombe ein und hinterließ tiefe Spuren. Nur ich erkannte bald, dass die Neuerungen doch Vorteile brachten (neben der Tatsache, dass wir nun endlich frei waren). Mit meinen Kumpels und Kollegen tauschte ich Geld zu einem besseren Kurs als dem offiziellen und kaufte im Westen alte Autos auf. Manche waren üble Schrottkarren, doch sogar ein alter Golf I mit Automatik war in der nun ehemaligen DDR der pure Luxus. Wir reparierten ihn und verkauften ihn mit 1000 Prozent Gewinn an einen ahnungslosen Landsmann. Den Erlös investierten wir in einen maroden Manta. Anschließend kauften wir einen Ford Granada, einen Renault, noch einen Golf ... Wir kauften, reparierten und verkauften. Ich glaube, damals kam ich auf den Geschmack von Freiheit und Abenteuer – und verstand zum ersten Mal den wahren Reiz des Kapitalismus.

Meinen Abschluss als Kfz-Mechaniker machte ich kurz nach dem Mauerfall. Kathrin musste von zu Hause ausziehen und zog daher bei mir ein. Wir teilten uns mein kleines Zimmer in der Wohnung meiner Eltern in Marzahn.

Kathrin machte eine Lehre als Facharbeiterin für Näherzeugnisse und stand jeden Morgen um vier Uhr auf. So, wie C & A heute in Bangladesch nähen lässt, ließ der Konzern damals in der DDR arbeiten, und sie fertigte jeden Tag Klamotten für C & A. Auch Ikea ließ seine Möbel in der DDR bauen, von Häftlingen. Von wegen, *Wohnst du noch, oder lebst du schon?* – hier war die Produktion billig, und in den DDR-Gefängnissen gab es auch keine lästigen Sicherheitsbestimmungen. Manchem einstigen Häftling fehlen heute ein paar Finger. Wir waren eben ein Billiglohnland für den Westen, wie andere Entwicklungsländer auch.

Nachdem Kathrin ihre Lehre abgeschlossen hatte, suchten wir uns eine gemeinsame Wohnung und zogen in eine Dreiraumwohnung in Marzahn. Was für ein sozialer Aufstieg! Der Prenzlauer Berg war zu der Zeit ja noch eine verruchte Gegend, dort wohnten zwar ein paar Künstler, aber sonst war es ein übles Arbeiterviertel. In Marzahn dagegen hatte man Fernwärme und eine Badewanne, für 140 Mark Miete im Monat. Es gab Grünanlagen und ein Mehrzweckcenter mit Bowlingbahn, Schulen, Kindergärten und Spielplätzen. Das war eben der moderne Sozialismus! Nach der Gesellenprüfung suchte Kathrin sich einen Job als Zimmermädchen in einem Westberliner Hotel. Sie verdiente 1500 D-Mark brutto. Die Miete war ein Klacks, und zusammen mit meinem schwarz verdienten Geld ging's uns gold. Für Ostberliner Verhältnisse waren wir reich, und ich fühlte mich wie King.

Auch ich bestand meine Gesellenprüfung, als einer der besten in meinem Jahrgang, und die BVB übernahm mich. Allerdings sollte ich nun Straßenbahnschilder und Haltestellen reparieren. Das war ein Abstieg. Nach einem Monat reichte es mir. Die Grenzen waren offen, und ich hatte jetzt alle Möglichkeiten. Am 18. März 1991 fing ich bei Mercedes-Benz an.

Da wollte ich schon immer hin.

Es knirscht im Gebälk

Arbeitsloser ersticht Jobcenter-Mitarbeiterin. Mann exekutiert Frau und Kinder. Rentner tötet erst seinen Hund, dann sich. Schlagzeilen wie diese häufen sich in den Medien. In Brutstätten des Raubritterkapitalismus wie den Metropolen Asiens oder den Geistervierteln von Detroit sind solche Meldungen vielleicht alltäglich. Wir hierzulande erschrecken darüber. Denn wir in Bayern, Brandenburg oder Berlin sind mit den Segnungen der sozialen Marktwirtschaft aufgewachsen. In der ehemaligen DDR träumten wir jahrzehntelang sogar den Traum einer kommunistischen Gesellschaft, in der alle Menschen gleich sind und soziale Missstände eines Tages überwunden werden. In Ost wie West haben wir uns lange auf die vermeintlichen Vorteile und den Nutzen unserer fortschrittlichen Systeme verlassen. Jetzt erweist sich, dass weder kommunistische noch christliche Werte uns im internationalen Wettbewerb helfen. Ja, vielleicht sind sie sogar ein Wettbewerbsnachteil angesichts der neuen Herausforderungen eines globalen Marktes? *Unterm Strich zähl ich,* lautet der Slogan eines deutschen Geldinstitutes. Eine ungebremste, ungenierte Egozentrik, so scheint es, ist heutzutage der Schlüssel zum Erfolg.

Noch zögern wir. Wir wollen nicht, dass uns die Errungenschaften unserer 2000-jährigen Kulturgeschichte abhandenkommen – leise, langsam, Stück für Stück. Doch mir scheint, als würden wir beginnen, zu begreifen, dass die Errungenschaften, die uns irgendwann bleiben werden, vielleicht nicht die Festschreibung von Menschenrechten sind, nicht das Recht auf Streik, die Freiheit des Individuums oder die Einführung der Sozialversicherung. Sondern die Sicherheit von Eigentum, der ungehinderte Genuss von Besitz. Das ist an sich nichts Schlechtes. Und genau genommen, machen wir bei dem Deal nicht mal wirklich Miese. Wir fallen lediglich auf den Stand der Dinge der industriellen Revolution zurück. Es war nur eine Frage der Zeit, bis diese Entwicklung die Insel der Überheblichen erreicht, Europa. Vielleicht liegt darin sogar eine poetische Gerechtigkeit. Trotzdem fürchten wir uns, werden plötzlich zornig oder wappnen uns für kommende Aufstände.

Unter dem etwas umständlichen Titel *Streitkräfte, Fähigkeiten und Technologien im 21. Jahrhundert – Umweltdimensionen von Sicherheit, Teilstudie 1: Peak Oil, Sicherheitspolitische Implikationen knapper Ressourcen* hat das Dezernat Zukunftsanalyse des Planungsamtes der Bundeswehr im Juli 2011 eine Studie vorgelegt, die den Teufel an die Wand malt. Sie beschäftigt sich mit dem hier schon im Kapitel *Städte des Wandels* thematisierten *Peak Oil*. Dabei handelt es sich um ein Endzeit-Szenario, das so nicht eintreffen wird, doch auch dieser militärische Thinktank geht davon aus, irgendwann in der postfossilen Gesellschaft werde der *Peak Oil* erreicht – der Tag, an dem sich die Tanks zu leeren beginnen. In der Folge könne es zu sozialen Unruhen kommen, was sicherheitspolitische Auswirkungen habe, in Afrika, Russland oder anderswo. Zwischen den Zeilen kann man zudem lesen: Irgendwann in der postsozialen Gesellschaft könnte auch der *Peak Human Resource* erreicht sein, der Moment, in dem es hier ungemütlich wird. Wer will, mag die Studie als Botschaft verstehen: *Liebe Nomenklatura, ihr werdet uns noch brauchen! Lasst die Personalstände der Bundeswehr nicht zu sehr ausdünnen, denn die Tage der Aufstände werden noch kommen. Ob Öl, ob Gas oder Mensch, ganz gleich. Ihr wisst das. Dann wird das Heer wieder nach innen wirken müssen anstatt in der Ferne, und darüber werdet ihr noch froh sein.*

Es klingt wie eine Warnung. Ein Fanal der Generäle an die ausgebüchsten Stände Volksvertretung und Hochfinanz: Wir seien, gewährt uns die Bitte, in eurem Bunde wieder der Dritte.

Die Tage des Zorns nahen. In Spanien, Italien, Portugal oder Griechenland erleben wir das bereits. Die Menschen gehen auf die Straße, es gibt sogar erste länderübergreifende Streiks. Enttäuschung, Frustration, Ohnmacht und das Gefühl einer lähmenden Perspektivlosigkeit wachsen überall, schlagen hier und da bereits um in Hass. Und immer mehr Leute teilen diese Gefühle. Immer mehr haben immer weniger zu verlieren. Manch einer verzweifelt schließlich und läuft Amok. *Arbeitsloser ersticht Jobcenter-Mitarbeiterin, Mann exekutiert Frau und Kinder.* Es knirscht im Gebälk. Aber es kracht noch nicht. Die ganz große Wut steht noch aus. Doch wir müssen umdenken. Jeder für sich, und alle gemeinsam.

Ich bin ein Held –
und soll zur Bundeswehr?

Ich hatte mich in sämtlichen Berliner Mercedes-Benz-Niederlassungen beworben, ohne zu wissen, dass sie alle zusammengehörten. Eines Tages lud man mich nach Spandau ein. Dort saß ich dem Leiter der Filiale gegenüber – und vor ihm auf dem Tisch lagen sieben Bewerbungsschreiben von mir. Es war ein guter Einstieg. Sie nahmen mich sofort.

Ich hatte mich als ausgelernter Mechaniker mit Fachabitur beworben. Im Osten war das eine angesehene Position gewesen. Im Westen allerdings stand ein Autobastler ziemlich weit unten auf der Skala. Mit mir und zwölf anderen Ossis bauten sie eine neue Spätschicht auf; seit der Wende kauften die Leute Autos wie verrückt, natürlich vor allem im Osten, und es gab nicht allzu viele Mechaniker, die auch im Nutzfahrzeugbereich qualifiziert waren. Das aber hatte ich bei der BVB gelernt. Mittags um 13 Uhr begann unsere Schicht und dauerte bis 23 Uhr. Um nach Spandau zu gelangen, musste ich von Marzahn aus einmal quer durch Berlin fahren; mit dem Auto dauerte das anderthalb Stunden, mit der S-Bahn noch länger. Das Einstiegsgehalt betrug rund 2500 D-Mark brutto, netto hatte ich 1800 D-Mark – ein Traumgehalt für einen Ossi. Der Frust meines Vaters schlug plötzlich in Stolz um, ja geradezu in Liebe: Mein Sohn arbeitet bei Mercedes! Der Ritterschlag des Kapitalismus.

In unserer Schicht blieben wir Ossis unter uns und bildeten eine Art Trutzburg. Gegenüber den Wessis hatten wir uns bald einen Ruf als gute Schrauber erarbeitet. Und anders als sie konnten wir improvisieren. Das ist heute noch so. Auch polnische oder ungarische Mechaniker können ein Auto mit Draht und Kaugummi reparieren. Das haben wir in der ständigen Mangelwirtschaft des Kommunismus einfach gelernt. Ich kümmerte mich vor allem um die Elektronik der Lkws; die Mercedes-Leute waren dankbar, im Nutzfahrzeugbereich endlich jemanden zu haben, der Ahnung davon hatte. Die Spandauer Niederlassung war recht groß, es arbeiteten etwa 100 Leute dort, denn zu dem Zeitpunkt gab es in Berlin nur zwei Nutzfahrzeugbetriebe, und Spandau war der größte. Alle Reparaturen wurden also zu uns geleitet. Es regnete geradezu Aufträge, als wäre ein Monsun losgebrochen. Es waren auch die Boom-Jahre – die Leute kauften Autos und bauten auch Häuser wie am Fließband, überall schossen Baumärkte wie Pilze aus dem Boden, alle gaben ihr neues Geld aus. Ich war schnell wieder in der Rolle des Sonderlings, diesmal allerdings nicht im negativen Sinne: Ich war flink und geschickt und konnte Alarmanlagen in Sattelschlepper und Transporter einbauen. Das war versicherungstechnisch von Bedeutung, denn auf ihren Fahrten durch den wilden Osten, nach Kasachstan oder in die Mongolei, wurden viele Lkw-Fahrer überfallen – die Diebe klauten ganze Ladungen von Fernsehgeräten und anderen Dingen, oft im Wert von einer Million D-Mark und mehr. Auch jetzt improvisierte ich viel, doch meine Lösungen funktionierten. Darum musste ich auch nicht in die Knochenmühle, musste nicht wie meine Kollegen riesige Rahmen richten oder schwere Bremsen reparieren. Ab und zu musste ich vielleicht mal eine Lkw-Kupplung austauschen, aber wenn es ging, drückte ich mich auch davor gern. Ich bin eigentlich gar kein Handwerkstyp. Genau genommen, habe ich zwei linke Hände, aber das hat irgendwie nie jemand gemerkt. Improvisation, darauf kommt es an ...

Da ich immer die kniffligen Fälle betreute, fragte mich der Werkstattleiter nach sechs Monaten, ob ich den Notdienst übernehmen wolle. Ich zögerte nicht. Von nun an hatte ich jede Nacht Rufbereitschaft für ganz Berlin und Brandenburg. Ich bekam ein weißes T-Modell Kombi als Dienstwagen, einen E 250 Turbodiesel mit einer Werkzeugkiste hinten drin, und ein Handy, damals das C-Netz zum Tragen. Man zahlte mir eine Rufbereitschaftspauschale von rund 300 D-Mark pro Woche, und jede Stunde, die ich nachts arbeitete, wurde mit Nachtaufschlag vergütet. Bingo! Ich kassierte jede Menge Kohle und fuhr den dicksten Mercedes in ganz Marzahn. Und niemand im Osten hatte so ein Telefon wie ich! Ich war 19 Jahre alt und fühlte mich als der Größte.

Berlin ist riesig, wenn man ständig auf dem Autobahnring im Einsatz ist, und weil ich außerdem viele Schulungen besuchte – Kundenkontakttraining, Diagnosetraining, Techniklehrgänge –, war ich viel unterwegs. Dabei fuhr ich als Monteur nicht einmal mehr ins Lager; das übernahm jetzt ein anderer Angestellter, der mir zur Hand ging. Mit der Zeit gelang es mir, mein Monatsgehalt auf bis zu 6000 D-Mark netto hochzuschrauben. Das war wirklich nicht schlecht für einen Ossi meines Alters und verpasste meinem Selbstbewusstsein einen enormen Schub. Weil ich tagsüber freihatte, konnte ich außerdem nebenher noch meinen Meister machen. Es war eine der schönsten Zeiten in meinem Leben.

Bis plötzlich ein Einberufungsbefehl im Briefkasten lag.

Seit der Wiedervereinigung mussten alle ostdeutschen Männer im wehrfähigen Alter zur Bundeswehr. Sogar in Westberlin, wo man bislang durch den Viermächtestatus der Stadt vom Wehrdienst befreit gewesen war, wurde plötzlich munter eingezogen. Auf einen Schlag war die Bundeswehr alle ihre Personalprobleme los – und ich meinen tollen Job. Es traf mich wie ein Schlag. Ich heulte vor Wut, weil ich alles verlieren würde, was ich mir aufgebaut hatte. Ich legte Widerspruch ein, bekam aber keine Antwort. Unterdessen kam der Tag, an dem ich in Lütjenburg bei Oldenburg in Holstein einrücken sollte, immer näher.

Ich fuhr nicht hin.

Wenig später, Kathrin und ich aßen gerade zu Abend, standen die Feldjäger vor der Tür. Sie verhafteten mich. Wir kramten die Einsprüche hervor und konnten die grünen Jungs immerhin davon überzeugen, dass alles nur ein Missverständnis sei. Gnädig ließen sie mich weiteressen und sagten, ich solle zwei Tage später in der Kaserne erscheinen – an einem Samstag. Ich sprach mit meinem Chef. Er hatte mich immer unterstützt und versprach, mir auch nach dem Wehrdienst wieder unter die Arme zu greifen. Ich tauschte 6000 D-Mark Gehalt gegen 200 D-Mark Sold und meinen tollen Dienstwagen gegen einen olivfarbenen alten Lada, den ich mir wie zum Trotz kaufte. Ich fuhr nach Westdeutschland, wo ich noch nie gewesen war, und fühlte mich wie bei der Vertreibung aus dem Paradies – kein Handy mehr, kein Held mehr, ade, du schöne Welt. Dabei hatte ich gerade Fuß gefasst im Job, Kathrin und ich hatten ein Konto eingerichtet und stolz unser Geld darauf deponiert, wir hatten einen Kredit für Möbel aufgenommen. Und jetzt musste ich quasi in den Knast.

Unter Tränen fuhr ich los. Es war kalt, tiefster Winter, und mein Frust grenzenlos. Als ich in der Kaserne ankam, war außer der Wache und ein paar Diensthabenden, die nichts mit mir anzufangen wussten, kein Schwein da. Es war das erste Wochenende, an dem alle neuen Rekruten nach Hause fahren durften. Ich saß allein auf der Stube, es war wie Folter. Ich telefonierte mit Kathrin. Wir weinten uns gegenseitig die Ohren voll.

Sonntagabend trudelten schließlich alle wieder ein. Wessis und Ossis, und für alle war ich der Fahnenflüchtige; schon wieder hatte ich die Rolle des Abtrünnigen. Doch ich konnte sie verstehen. Keiner von ihnen war gern hier, und ich der Einzige, der nicht angetreten war. Ich hatte noch nicht einmal eine Uniform. Zum Frühsport musste ich in der Turnhose antreten.

Nach ein paar Tagen hatte ich mich in die Gruppe einge-
fügt. Doch die Grundausbildung war die Hölle. Krieg spielen bei minus 20 Grad und in Erdlöchern schlafen – ich kam
mir vor wie im Gulag. Alle waren müde und schossen mit
Platzpatronen – wozu? Der Kalte Krieg war schließlich vorbei. Ich durfte auch nicht nach Hause fahren, schob stattdessen Dienst und bewachte Telefone und wurde, weil ich nicht
rechtzeitig erschienen war, in einem Prozess zum Nachdienen verurteilt.

Ich wollte nur noch weg.

Durch Zufall fand ich kurz nach dem Gelöbnis heraus, dass
ich, wenn ich verheiratet wäre, einen Heimschläferstatus bekäme und in der Nähe meiner Frau stationiert werden würde.
Außerdem bekäme ich statt des mickrigen Solds 60 Prozent
meines letzten Gehalts. Na also, dachte ich, geht doch. Ende
Januar war ich eingezogen worden – am 20. Februar heirate-
ten Kathrin und ich. Weil alles so schnell ging, fiel das Fest
eher bescheiden aus. Unsere Eltern waren dabei, die Trau-
zeugen, das war's auch schon. Mercedes spendierte mir zur
Feier des Tages leihweise die gerade neu auf dem Markt er-
schienene S-Klasse, ein dickes Schiff. Wir fuhren zum Müg-
gelsee in ein Restaurant und später nach Zehlendorf, wo wir
einen auf dicke Hose machten. Ich hatte Sonderurlaub bekommen und wieder Geld in der Tasche; mit meinen 60 Prozent verdiente ich sogar mehr als meine Vorgesetzten.

Nach der Hochzeit wurde ich sehr unbürokratisch nach
Potsdam-Geltow zum Korps- und Territorialkommando Ost
versetzt. Nun war Schluss mit Frühsport, und statt durch
Schlamm und Wälder zu kriechen, fuhr ich jeden Abend nach
Hause und legte mich aufs Sofa. In der neuen Kaserne, in der
eigentlich nur Generäle herumhockten, versetzte man mich
ins Offizierskasino, wo ich den Offizieren Kaffee kochte und
ihnen ihr Feierabendbier servierte. Manchmal ging ich auch
gar nicht hin, es fiel nicht weiter auf. Später musste ich die

Villa des Generalinspekteurs bewachen. Mit den anderen Rekruten saß ich an der Havel und schob eine ruhige Kugel. Wenn noch weniger los war, gingen ein oder zwei von uns einfach nach Hause.

Ende 1992 hatte ich es hinter mir. Die Zeit, die ich offiziell nachdienen sollte, verrechnete man mit meinem restlichen Urlaub, und ich wurde aus der Bundeswehr entlassen. Ich bekam meinen alten Job bei Mercedes-Benz wieder, fuhr nachts Notdienstschichten und machte tagsüber meine Meisterprüfung. Anschließend begann ich ein BWL-Studium an der Technischen Universität Berlin. Es sollte der Beginn einer steilen Karriere werden.

Ich lebte jetzt ziemlich straight. Nur in einem Punkt hatte ich mich zu meinem Nachteil verändert. Nach der Grundausbildung hatte ich mich, vielleicht als Trotzreaktion auf Frühsport und 20-Kilometer-Märsche, kaum noch bewegt und ständig gefressen – Currywust mit Pommes, Mettbrötchen, ich stopfte in mich hinein, was ich in die Finger bekam, sogar mitten in der Nacht verschlang ich noch hart gekochte Eier in rauen Mengen. Zu Beginn meiner Bundeswehrzeit war ich mit 74 Kilo spindeldürr gewesen. Am Ende wog ich 115 Kilo. Und in den folgenden zwei Jahren sollte mein Gewicht weiter steigen – bis auf 130 Kilo. Ich trug Kleidergröße 58. Meine Hosen waren breit wie Lkw-Reifen.

Erdöl am Fuß?

Die vegane Art zu leben umfasst viele Bereiche und ist, so wie ich es sehe, nahezu ganzheitlich, denn sie zielt auch darauf ab, dass wir unser Bewusstsein ändern. Über kurz oder lang wird sich das auf unsere Wirtschaft auswirken, auf die Arbeitswelt, auf unsere Gesellschaft als Ganzes. Zwar ist es noch ein weiter Weg bis dahin, doch wir können mit kleinen Schritten beginnen. Ein erster wäre, Tiere als Lebewesen nicht länger auszubeuten. Und das meint nicht nur, ihr Fleisch oder ihre Milch zu nutzen, sondern auch ihre Haut.

Wir tragen Jacken, Gürtel, Schuhe und Handschuhe aus Leder, haben Taschen und Koffer aus Leder; auch die Leder- und Modebranche sind, weltweit gesehen, gewaltige Industriezweige. Zwar ist uns latent bewusst, dass für all diese Kleidungsstücke und Alltagsgegenstände Tiere sterben müssen, damit wir uns in ihre gegerbten Häute hüllen, uns in ihren Pelzen wärmen können. Dank radikaler Tierschutzgruppen wie Peta haben wir unser Bewusstsein diesbezüglich aber im Verlauf des letzten Jahrzehnts geschärft. Abgesehen von der Steinzeit, als die Menschen wenig Alternativen in Sachen Kleidung hatten, war Pelz lange Zeit ein Statussymbol. Echte Pelze konnten sich nur wohlhabende Menschen leisten, und die Reichen trugen Edelpelze wie Nerz, Zobel oder Hermelin zur Schau. Inzwischen ist das anders. Heute gilt es nicht mehr unbedingt als *très chic,* Pelz zu tragen, und viele Menschen verzichten zumindest darauf, sich neue Pelze zu kaufen. Vielleicht hängt hier und da noch Omas Persianer im

Schrank, doch immer öfter wirkt auch er wie ein Überbleibsel aus einer vergangen Zeit.

Anders ist das bei Leder. Viele Menschen können sich nicht vorstellen, auf Kleidung, Schuhe und andere Gegenstände aus Leder zu verzichten, manche haben sogar einen regelrechten Schuhtick. Dagegen wäre auch nichts einzuwenden – müsste man deswegen nicht Tiere töten. In der veganen Szene wächst die Bereitschaft, nicht nur auf tierische Lebensmittel, sondern auch auf alle anderen tierischen Produkte zu verzichten – und das ist keine Spinnerei, sondern nur konsequent. Mein Freund Thomas Reichel betreibt ein veganes Schuhgeschäft unter dem Namen avesu. Er ist seit knapp 20 Jahren Veganer und hat sich mit dem Thema Leder intensiv beschäftigt. Hier ist seine Geschichte:

»Anfang der 1990er sah ich ein Video über einen Viehtransport in Italien. Mehrere Kühe fielen von der Ladefläche und wurden mit Elektroschocks wieder auf den Lastwagen getrieben. Damals habe ich zum ersten Mal meine Ernährung hinterfragt. Ein, zwei Jahre lang war ich dann Vegetarier. 1994 wurde ich Veganer, weil der Vegetarismus nicht wirklich konsequent ist. Man könnte denken, bestünde die Welt aus lauter Vegetariern, ließe sich für die Kuh ja ein guter Deal finden, aber dem ist nicht so. Auch zur Milchgewinnung oder Eierproduktion werden Tiere in Massen gehalten und misshandelt.

Anfangs war es eine Umstellung, doch nach einer Weile vermisste ich nichts mehr. Es gibt für alles Alternativen im Speiseplan. Früher habe ich gern geangelt – heute könnte ich keinem Fisch mehr die Kehle durchschneiden, weil ich weiß, dass ich andere Dinge essen kann, die gut für mich sind. Ich muss keinen Fisch mehr töten. Irgendwann fing ich an, auch über Leder nachzudenken. Als Veganer trug ich noch eine ganze Zeit lang Lederschuhe. Zwar kaufte ich mir keine neuen Lederschuhe mehr, sondern trug nur noch solche, die ich geschenkt bekam oder gebraucht kaufen konnte. Doch ich suchte nach einer Alternative. Durch Freunde entdeckte ich dann vegane Schuhe. Allerdings waren sie sehr teuer, außerdem gab es damals nur Boots, und aus dem Alter war ich raus.

Eine Weile betrieb ich in Berlin-Kreuzberg ein veganes Restaurant. Vor ein paar Jahren schlug mir dann ein Freund vor, ein veganes Schuhgeschäft aufzumachen. Das war eine Herausforderung! Ich beschäftigte mich erneut mit dem Thema und stellte fest, was für eine Vielfalt an Modellen, Herstellern und Materialien es inzwischen gibt – man kann auf Leder heute tatsächlich völlig verzichten. Es gibt Textilien wie Goretex oder eine Reihe von Kunststoffen wie Polyurethan, aus dem man eine Faser gewinnen kann, die zu einem Gewebe wird, das von Leder nicht mehr zu unterscheiden ist. Ich kenne eine Frau, die ging mit ihren weißen veganen Turnschuhen zum Schuster. Der Schuster schwor, die Schuhe seien aus Leder. Er erklärte der Kundin, sie sei betrogen worden, dafür würde er seine Hand ins Feuer legen …

Je tiefer man eintaucht, desto mehr versteht man aber auch, was in der Lederindustrie eigentlich geschieht. Der Großteil der Fertigung wird heute nach Indien, Bangladesch, Pakistan und China ausgelagert. Dort arbeiten die Menschen unter katastrophalen Bedingungen. Wir alle kennen die Berichte aus dem Fernsehen, darauf will ich gar nicht eingehen. Außerdem findet die Lederproduktion losgelöst von der Fleisch- oder Milchproduktion statt: Viele Tiere werden nur geschlachtet, um ihre Haut zu nutzen. Manche haben eine hochwertige Haut, aber minderwertiges Fleisch, Kängurus zum Beispiel oder Pelztiere. Viele Tiere werden überhaupt nur wegen ihrer Haut oder ihres Fells gezüchtet. Das ist nicht die Masse, aber es gibt diese Spezialisierungen. Gleichzeitig werden in den Schlachthöfen die meisten Tierhäute weggeworfen, weil wir viel mehr Fleisch produzieren als Leder und die Häute, wollte man sie nutzen, zeitnah konserviert und verarbeitet werden müssten.

Was die meisten Menschen auch nicht wissen: Das, was wir am Ende am Fuß tragen, hat mit dem ursprünglichen Werkstoff Leder nichts mehr zu tun. Alles Leben, das je darin war, ist durch chemische Wirkstoffe vernichtet worden. Das Leder soll geschmeidiger werden und widerstandsfähiger, es soll in bunten Farben leuchten. Doch das erreicht man nur durch chemische Zusätze. Es findet eine Vielzahl von sogenannten Veredelungsprozessen statt, bis ein Schuh schließlich fertig im Laden steht. Die verwendeten chemischen Stoffe sind oft giftig. Verschiedene Chloride sind giftig, sowohl für die Menschen, die die Schuhe herstellen, als auch für die, die sie tragen, und sie gasen aus. Chromsalze können in die Haut eindringen und Gewebeschäden verursachen. Restchromsalze können Allergien auslösen, vor allem bei Menschen, die eine empfindliche Haut haben. Viele unserer Kunden sind gar keine Veganer – sie kommen, weil sie Allergien an Haut und Füßen haben und feststellen mussten, dass ihre Lederschuhe für die Beschwerden verantwortlich sind. Andere Kunden kritisieren, wie wenig ökologisch Schuhe überhaupt hergestellt werden, angefangen bei der Aufzucht, Haltung und Fütterung der Rinder und Schweine. Sie alle suchen nach Alternativen.

Und die gibt es. Es gibt pflanzlich gegerbte Ledersorten, auch wenn die noch einen eher winzigen Prozentsatz in dem riesigen Industriezweig ausmachen. Es gibt Textilien wie Goretex. Es gibt den – am häufigsten verwendeten – Ersatzstoff Polyurethan. Polyurethan besteht allerdings oft aus Erdöl; Erdöl wird zu 95 Prozent in Energie verwandelt, fünf Prozent werden zur Herstellung von Kunststoffen verwendet. Auch Kunststoffe, die nicht giftig sind, können zum Problem werden. Die Entscheidung darüber liegt allerdings bei uns Menschen, denn der Plastikmüll, der in den Ozeanen treibt, ist nicht primär ein Problem des Kunststoffs, sondern ein Problem unseres Umgangs damit. Kunststoffe, die sich in einem Recyclingkreislauf befinden, sind dagegen ökologisch absolut sinnvoll. Sie können aufbereitet werden, und es gibt bereits eine breite Palette an Schuhen aus recyceltem Material. Seit diesem Jahr nehme ich getragene Schuhe meiner Kunden zurück und führe sie den Recyclern zu, die sie fachgerecht verwerten. Dafür bekommen die Kunden einen Rabatt, wenn sie neue Schuhe kaufen. Und aus Baumwolle, Leinen, Hanffasern, Kautschuk oder Kunstfell lassen sich natürlich auch Schuhe herstellen. Kunstfell kann man aus Polyacryl gewinnen, ebenfalls ein Erdölprodukt, doch auch diese Stoffe lassen sich alle recyceln. Einige Designer entwerfen inzwischen sogar Schuhe mit Sohlen aus Autoreifen.

Es gibt also gute Gründe, auf Leder zu verzichten – den ethischen Aspekt, dass man Tiere nicht töten und ausbeuten sollte; den ökologischen Aspekt, bei dem, das wurde noch nicht erwähnt, beispielsweise auch der Transport von Schuhen um den halben Globus eine Rolle spielt, von Indien, wo die Tierhäute zu Leder verarbeitet werden, nach China, wo sie genäht werden, nach Europa, wo sie gekauft und getragen werden. Ein weiterer Grund, der mir persönlich sehr wichtig ist, sind die globalen Arbeitsbedingungen. Darum verkaufe ich in meinen veganen Schuhgeschäften – es gibt inzwischen zwei in Berlin, eines in Hamburg und einen Onlineversand – nur Schuhe, die unter Fair-Trade-Bedingungen gefertigt wurden. Zwar ist die Nachfrage nach veganen Schuhen noch nicht so groß wie die nach veganen Lebensmitteln, doch sie steigt. Auch die Hersteller reagieren bereits darauf. Es gibt heute Damen-, Herren- und Kinderschuhe aus den verschiedensten Materialien, die genauso modisch und alltagstauglich sind wie herkömmliche Lederschuhe. Menschen, die keine Tiere essen und am Leib tragen wollen, müssen längst keine Abstriche mehr machen und auf nichts mehr verzichten, auch nicht im Modebereich. Für mich ist das ein Gradmesser dafür, wie sehr der Veganismus bereits in der Mitte unserer Gesellschaft verankert ist.«

Der Tod lauert auf der Autobahn

Wenn irgendwo in oder um Berlin ein Nutzfahrzeug liegen blieb – ein Lkw, ein Transporter oder ein Bus –, wurde ich angerufen. Und ich ließ alles stehen und liegen und fuhr los. Sieben Tage die Woche. Im Sommer war in den Nächten nicht viel los, aber im Winter machten die Brummis reihenweise schlapp. Ich war so etwas wie der mercedesinterne ADAC für Lkws und Busse, und ich war nicht sauer darum – je mehr Fahrzeuge liegen blieben, umso mehr Arbeitsstunden konnte ich aufschreiben.

Im Spätsommer 1993, als Kathrin bereits hochschwanger war, wurde ich in einer Sonntagnacht zu einem Unfall gerufen. Ich mochte sie nicht allein lassen und packte sie kurzerhand auf den Beifahrersitz. Als wir den Berliner Ring erreichten, sahen wir, dass ein mit Fahrgästen voll besetzter Bus liegen geblieben war und alle Spuren blockierte. Die Autobahn war in Höhe der Raststätte Michendorf, einem der viel befahrenen Knotenpunkte, gesperrt. Kilometerlange Staus, und es war immer noch heiß. Ein Streifenwagen eskortierte mich, den Notdienst, mit Blaulicht an den Wartenden vorbei. Dabei war dann alles gar nicht so wild: Die Räder des Busses hatten blockiert, ich musste nur dafür sorgen, sie wieder zu entblockieren, damit er zur Seite geschoben und später in die Werkstatt geschleppt werden konnte. Ich kroch unter das Fahrzeug, und die Sache war in fünf Minuten behoben. Der Stau konnte sich auflösen, und ich war der Held der Berliner Autobahn.

Ein anderer Einsatz im Jahr darauf bei Vogelsdorf verlief dramatischer. Ein liegen gebliebener Lkw blockierte den Standstreifen. Ich parkte den großen Werkstattwagen, den mein Mitarbeiter und ich zuvor aus Spandau geholt hatten, weil er eine richtige Werkstatt an Bord hatte mit Kompressor, Beleuchtung, Schweißgerät, schwerer Bohrmaschine und Notstromaggregat, dicht vor dem Pannenlaster. Es war drei Uhr früh und stockdunkel. Wir klappten die Treppe aus, installierten die Beleuchtung und suchten das nötige Werkzeug zusammen. Einer der beiden Lkw-Fahrer saß in der Fahrerkabine, der andere kam zu uns und guckte zu.

Und plötzlich ein ohrenbetäubender Knall.

Wir stürzten, versuchten, uns festzuhalten, wurden zurückgeschleudert und fielen auf Werkzeugkisten, zwischen Notstromaggregat und andere Geräte, und im nächsten Moment kippte der riesige Werkstattwagen um.

Als die Welt wieder stillstand, rieb ich mir die Augen. Ich zog mein Bein unter einer Kiste hervor und sortierte meine Knochen. Wir krochen hinaus. Es war dunkel, die Scheinwerfer, die wir eben noch installiert hatten, waren zertrümmert. Mein Kollege knipste seine Taschenlampe ein. Ein dünner Lichtkegel huschte über ein grauenhaftes Szenario: Auf den Pannen-Lkw war ein Tanklastzug mit Öl aufgefahren und hatte ihn auf unser Fahrzeug geschoben wie einen Spielzeuglaster. Beide Lkws waren von der Wucht umgerissen worden und lagen auf dem Feld.

Es war totenstill.

Der Fahrer, der gerade noch seinen Kopf in unseren Werkstattwagen gesteckt und einen Witz gerissen hatte, lag tot auf der Autobahn. Sein Körper war in zwei Hälften geteilt. Sein Beifahrer kletterte aus der Fahrerkabine und übergab sich. Auch der Fahrer des Tanklastzuges war tot, überall lagen Leichenteile. (Später sollte sich herausstellen, dass der Fahrer des Tankfahrzeugs ein entfernter Verwandter von mir gewesen war.) Ich zitterte am ganzen Körper. Mein Kollege und ich hatten überlebt, weil die Wucht des Aufpralls unser Fahrzeug quasi beiseitegeschoben hatte. Dieser Zufall hatte uns gerettet. Wären wir nicht im Wagen gewesen, hätten wir auf dem Standstreifen gestanden oder hätten wir unter dem Lkw gelegen, wir wären zermalmt worden. So waren wir nahezu unverletzt und nur mit einem Schock davongekommen.

Was dann geschah, weiß ich nicht mehr. Das letzte Bild, das ich vor Augen habe, sind abgerissene Arme und Beine im Lichtkegel einer Taschenlampe – dann hatte ich einen Filmriss.

Erst später erfuhr ich, dass die Autobahn zwei Tage lang gesperrt wurde, um die Lkws zu bergen und das Öl, das in die angrenzenden Felder gesickert war, umständlich zu entsorgen. Bei Mercedes erließ man eine neue Dienstanweisung: Niemand durfte mehr nachts auf der Autobahn Reparaturen ausführen, alle Pannenfahrzeuge mussten künftig abgeschleppt werden. Ich selbst wurde eine Weile krankgeschrieben. Der Unfall hat mich nachhaltig beeinflusst.

Die Bilder wurde ich nie wieder los.

Nie wieder Weihnachtsgans?

Fleischersatzprodukte sind enorm wichtig, denn wir Menschen sind Gewohnheitswesen und auf bestimmte Dinge einfach konditioniert. Eine knusprige Gans zu Weihnachten, ein zartes Lamm zu Ostern, ein frisches Glas Milch am Morgen – lieb gewonnene Gewohnheiten spielen eine große Rolle in unserem Leben. Natürlich wissen wir, dass das panierte Schnitzel und die fette Currywurst nicht gesund und gut sind, doch wir essen sie trotzdem und reden uns ein, dass es, in Maßen genossen, schon nicht so schlimm sein wird ... Auch Weihnachten ohne Weihnachtsgans erscheint vielen undenkbar. Wir glauben, ohne einen traditionellen Braten würde uns etwas fehlen. Unterm Tannenbaum zu sitzen und eine Möhre zu knabbern, während alle anderen Gans oder Ente mit Klößen essen, erzeugt in uns ein Gefühl des Mangels. Wenn wir an trockenem Selleriekuchen nagen, während sich andere an Sahnetorten delektieren, spüren wir Mangel. Wir empfinden es so, weil wir so aufgewachsen sind. Außerdem leben wir in sozialen Gefügen und wollen dazugehören. Verzichten wir am Festtisch als Einzige in der Familie auf den Weihnachtsbraten, grenzen wir uns selbst aus. Und es ist auch gar nicht so einfach, der 80-jährigen Großmutter, die im Krieg und in der Nachkriegszeit gehungert hat und für die Fleisch und Fett lebenswichtige und luxuriöse Güter sind, zu erklären, warum wir heute lieber darauf verzichten ...

Vor Weihnachten verkaufen wir in jeder unserer Filialen ungefähr 600 Portionen Ente. Das ist natürlich keine echte Ente. Es ist ein Soja-Weizen-Gemisch, ein Bratling. Es steht aber *Entenbrust* auf der Verpackung und der Bratling schmeckt auch wirklich sehr, sehr ähnlich. Diese vegane Ente ist der Burner, wie meine Leute gern sagen. Wir verkaufen sie wie geschnitten Brot, ebenso wie Sahnetorte, die aus Soja-, Reis- oder Kokossahne besteht. Solche Produkte schlagen eine Brücke zu denen, die wir im Laufe unseres Lebens und unserer Sozialisation lieben gelernt haben, und helfen beim Umstieg.

Ich selbst komme heute ohne Fleischersatzprodukte aus. Ich kann einen Gemüsebratling essen, und er muss dabei nicht so tun, als wäre er ein Frankfurter Würstchen. Allerdings sind vegane Frankfurter Würstchen Verkaufsschlager in den Veganz-Läden. Es scheint einfach so zu sein, dass viele Kunden sagen: Hey, seht her, ich esse Frankfurter Würstchen, und sie schmecken toll! Ich muss als Veganer auf nichts verzichten.

Wenn in Berlin am Brandenburger Tor der Tag der Deutschen Einheit gefeiert oder ein Fußballspiel im Public Viewing übertragen wird, rücken wir gern mit dem Grill an. Wir braten Hamburger, und die Reaktionen der Leute sind jedes Mal köstlich. Unsere veganen Hamburger sehen aus wie feinstes Rindfleisch, sie riechen wie feinstes Rindfleisch, und sie schmecken auch so. Die Menschen, die sie probieren, sind immer begeistert. Auch sie haben nicht das Gefühl, etwas zu vermissen, sie essen mit Genuss und haben ihren Spaß.

Nur, solange wir entsprechend konditioniert sind, brauchen wir Milch, Fleisch und Käse beziehungsweise Ersatzprodukte, die genauso aussehen und schmecken wie Milch, Fleisch und Käse, aber in Wirklichkeit pflanzliche Kopien sind. Noch leben wir in einer Zeit der Replikate.

Mein erster Urlaub

An einem Abend im August 1993 bekam Kathrin die Wehen – so schnell ich konnte, fuhr ich sie ins Krankenhaus. In der Charité angekommen, klingelte mein Telefon: ein Anruf aus der Werkstatt, ein Noteinsatz. Meine Frau stöhnte vor Schmerzen – und ich ging arbeiten. Das war typisch für mich. Jeder normale Mensch hätte abgesagt und seiner Frau während der Geburt beigestanden, hätte sich auf sein erstes Kind gefreut und wäre glücklich gewesen, Vater zu werden. Doch ich fuhr zum Einsatz und war nicht dabei, als Emilia zur Welt kam.

Kathrin nahm es mir nicht übel. Na ja, vielleicht doch ein bisschen, aber sie sagte nichts. Meine Prioritäten waren damals sehr klar: Ausbildung, Arbeit, Familie, in dieser Reihenfolge. Ich war wohl auch noch gar nicht bereit für Kinder. Mit 21 lebte ich seit fünf Jahren in einer festen Beziehung – gut, im Osten bekamen fast alle sehr früh Kinder, aber das hing auch damit zusammen, dass, wer früh heiratete, Anspruch auf eine eigene Wohnung, und wer Kinder bekam, Anspruch auf eine größere Wohnung hatte. Ich selbst hatte geheiratet, um der Bundeswehr zu entkommen. Im Rückblick denke ich, meine Jugend ist sehr kurz gewesen. Ich habe kaum Erfahrungen mit Mädchen gesammelt, ich bin wenig mit anderen Kumpels herumgezogen. Mit Anfang 20 lebten Kathrin und ich bereits wie ein altes Ehepaar – Wohnung, Kredite, Kind, Urlaub. Das waren unsere Werte, und wenn man so jung so viele Verpflichtungen eingeht, entsteht ein gewisser Druck, den Standard auch zu halten. Mehr noch, man will ihn möglichst erhöhen. Möglicherweise rührte das auch von meinem Vater her, jedenfalls wollte ich Karriere machen. Ich wollte Geld, Macht und Ansehen. Ich wollte nicht als Monteur enden.

Ich fing an, mich für den Verkauf zu interessieren. Ich hatte schnell gemerkt, dass dort das eigentliche Geld verdient wurde. Da passte es, dass in der Spandauer Mercedes-Benz-Niederlassung ein Nachwuchsverkäufer zur Ausbildung gesucht wurde. Prima, dachte ich, Anzug tragen statt Blaumann, das ist genau, was ich will! Dass ich längst eine Sonderstellung hatte und nicht wie die anderen jeden Tag in der Werkstatt schuften musste, reichte mir nicht mehr. Ich wollte mehr, ich wollte raus aus dem – wie ich fand – Dreck. Im Westen hatte der Job des Mechanikers eben nicht den Status, den er im Osten gehabt hatte, im Westen war ich als Monteur ein besserer Hilfsarbeiter. Ich könnte jetzt sagen, dass ich so dachte und fühlte, weil die Wessis uns Ossis damals ständig spüren ließen, dass sie was Besseres waren. Doch so einfach ist es nicht. Da war auch etwas in mir, etwas Eigenes, unabhängig von dem ganzen Ossi-Wessi-Kram, das mich antrieb. Außerdem hatte ich begriffen, dass auch der Westen sein eigenes Kastensystem hatte, und in dem zählte nur, wer Geld hatte. Es ist ja bis heute so. Mein Auto, mein Haus, mein Boot – die Werbung wiederholt es wie ein Mantra, und der weltweite Turbokapitalismus befeuert es. Du brauchst ständig den neuesten Laptop, das coolste Tablet, den angesagtesten Reader, den teuersten LCD-Fernseher. Du musst hierhin reisen und dorthin, am besten mehrmals im Jahr. Du sollst dieses Auto fahren und nicht jenes. Wer da mithalten will, braucht eben Geld.

Obwohl ich Anzugträger werden wollte, ging ich im Blaumann zum Bewerbungsgespräch, denn ich hatte anschließend einen Einsatz. Der Personaler, der mir in einem sterilen Büro gegenübersaß, war ein richtiger Lackaffe. Er musterte mich wortlos. Schließlich hielt er mir einen Kugelschreiber vor die Nase und sagte: »So, Bredack, du willst also Verkäufer werden? Na, dann verkauf mir mal diesen Kugelschreiber.«

Einen Moment lang überlegte ich, ob der Typ mich auflaufen lassen wollte. Mach mal Handstand, Ossi, mach mal Männchen. Ich fand das ziemlich herablassend. »Nein«, sagte ich. »So 'nen Quatsch mach ich nicht. Wollen Sie mich verarschen?«

Damit war das Gespräch beendet.

Man hatte mir zu verstehen gegeben, ich sei kein Verkäufertyp – doch das spornte mich eher an, härter an mir zu arbeiten. Im Grunde muss ich dem Lackaffen im Nachhinein sogar dankbar sein, denn er hat mich motiviert. Ich arbeitete also weiter im Notdienst und begann parallel ein Studium.

Alles lief glatt, bis zu jener Nacht im Spätsommer 1993.

Kathrin und ich waren auf einer Party bei Freunden in Lichterfelde. Die Stimmung war ausgelassen, und es wurde viel getrunken. Obwohl ich Bereitschaftsdienst hatte, trank ich mit. Als ein Anruf kam und ich zum Olympiastadion gerufen wurde, stieg ich ins Auto. Es regnete noch immer junge Hunde. In Berlin hatte am Nachmittag das DFB-Pokalfinale stattgefunden, und jetzt hatte der Fahrer des Spielerbusses ein Problem mit seinem Scheibenwischer. Ich reparierte den Scheibenwischer und fuhr zurück zur Party. Später, ich hatte schon sechs Bier getrunken, wollte ein befreundetes Pärchen nach Hause. Ich bot an, sie zu fahren; sie wohnten in Spandau, die Strecke hätte ich im Schlaf fahren können. Auf dem Rückweg hielt an einem Kreisel neben mir ein Honda CRX. Es regnete immer noch. Der Fahrer und ich sahen uns an. Ein Herausforderer, dachte ich.

Und gab Gas!

Er auch, und mit durchdrehenden Rädern quietschten wir los und rasten durch die Nacht, ich in meinem Mercedes-

Benz Turbodiesel, er in seinem Honda, ich beschleunigte, er beschleunigte, ich rechts, er links, gleichauf gingen wir in eine Kurve – und dann verlor ich die Kontrolle und knallte auf ein parkendes Auto, das vor einem Haus stand.

Ich war angeschnallt, und mir war nichts passiert. Doch die Motorhaube des Mercedes bäumte sich vor mir auf. Ich stieg aus. Die rechte Seite des Wagens war vollkommen demoliert, der Opel Ascona, auf den ich gekracht war, ebenfalls. Am Ende der Kurve sah ich den Honda davonfahren. In meinem Kopf überstürzten sich besoffen und panisch die Gedanken: Dienstwagen – Alkohol – Polizei! Lappen weg! Job weg! Aus, Ende, vorbei!

Ich stieg ein, legte den Rückwärtsgang ein und fuhr weiter. So schnell und ferngesteuert, dass ich kurz darauf wieder auf der Party stand. Ich trank ein Bier und noch eines, dann erzählte ich Kathrin, was passiert war. Ich erzählte es auch meinem Gruppenleiter, der ebenfalls eingeladen und längst randvoll abgefüllt war. »Das regeln wir schon«, sagte er.

Irgendwann nach Mitternacht brachen wir schließlich auf. Mein Gruppenleiter bestand darauf, mit meinem Dienstwagen zu fahren. Seine Frau und Kathrin stiegen hinten ein, ich vorne – und er chauffierte uns stockbesoffen und mit kaputtem Auto durch Berlin, bis nach Kreuzberg, wo er wohnte. Während der Fahrt überlegten wir, wie wir vorgehen würden. Was wir nicht wussten: Nach meinem Mercedes wurde bereits gefahndet, denn der Besitzer des Asconas war der Wirt einer Kneipe in dem Haus, vor dem der Unfall passiert war. Es gab Zeugen, die den Unfall und meine Fahrerflucht beobachtet hatten.

Von Kreuzberg aus schaffte ich es gerade noch bis zu uns nach Hause. Ich fiel ins Bett – und lag die ganze Nacht wach neben Kathrin. Vor lauter schlechtem Gewissen konnte ich nicht schlafen. Wie sollte ich das bloß meinen Chefs erklären? Man würde mich feuern! Ich würde meinen Job verlieren, meine Karriere, alles, was ich mir aufgebaut hatte, alles, was ich noch vor mir hatte, ich war am Ende ...

Um acht Uhr früh rief ich meinen Schwiegervater an. Er holte mich ab, und wir fuhren zum Unfallort. Der Opel Ascona war weg. Wir gingen in die Kneipe. Ein paar Gäste erzählten, es habe in der Nacht einen Unfall gegeben und die Polizei fahnde nach einem weißen Mercedes.

»Der Besitzer des kaputten Autos wohnt hier im Haus«, sagte einer und deutete mit dem Daumen Richtung Decke.

Ich ging raus und zur Haustür und klingelte in der Wohnung über der Kneipe. Ein verschlafener Mann öffnete. Ich sagte, dass ich in der vergangenen Nacht einen Opel Ascona kaputt gefahren hätte.

»Das war meiner.« Er rieb sich die Augen. »Gib mir 5000 Mark, und die Sache ist erledigt.«

So unausgeschlafen war er wohl doch nicht. »Und die Polizei?«, fragte ich.

»Ich hab keine Polizei gerufen«, sagte er. Eine glatte Lüge – der Typ wollte eine schnelle Mark machen.

Nun beschloss ich, zur Polizei zu fahren. Am Tag darauf ging ich zu meinem Chef; ich war sicher, dass er mich rausschmeißen würde, doch ich gestand alles. Ich hatte keine Wahl. Er lehnte sich zurück. Er sah mich an, und es schien, als würde er meinen Worten nachspüren. »Okay, Bredack«, sagte er schließlich. »Da haste Mist gebaut. Aber sonst bist du ein Guter, und darum will ich dir nicht das Leben versauen. Wir reparieren das Auto und ziehen dir die Kosten dafür vom Lohn ab.«

Ich schluckte.

»Sagen wir 2000 D-Mark.«

Ich schluckte wieder.

»Strafe muss sein.« Er hob eine Augenbraue.

Ich nickte. 2000 D-Mark – doch ich behielt meinen Job und durfte weiter Notdienst machen!

Ein paar Wochen später kam ein Schreiben vom Gericht. Es wurde ein Verfahren gegen mich eröffnet wegen Fahrerflucht. In der ersten Verhandlung verurteilte die Richterin mich zu einer Strafe von 1000 D-Mark und vier Wochen Fahrverbot. Mein Anwalt legte Widerspruch ein – ein Fehler. Nach einem geharnischten Brief des Richters der zweiten Instanz, der uns praktisch einen Vogel zeigte, nahm ich das Urteil an. Zusätzlich musste ich Schadensersatz für den schrottreifen Opel Ascona leisten. Das Ganze kostete mich 8000 D-Mark und war mir eine Lehre. Seit jener Nacht habe ich so gut wie keinen Alkohol mehr angerührt, weil es mir auch nicht mehr schmeckt und ich Alkohol heute nicht mehr vertrage. Meine Säuferjugend war nun definitiv vorbei. Meine Karriere konnte weitergehen, das war mir damals das Wichtigste.

Ich war froh und dankbar, dass der Unfall nicht meine Zukunft ruiniert hatte. Ich hatte mir damals schon ein paar Anzüge gekauft, die ich in meiner Freizeit trug. Gegenüber den Kollegen, mit denen ich in der Spandauer Niederlassung angefangen hatte, fühlte ich mich irgendwie überlegen. Sie waren auch neidisch auf mich. Es war die Zeit, in der man überall das böse Wort vom Jammerossi hörte – und daran war auch etwas Wahres. Die meisten hatten einen eingeschränkten Blick auf die Dinge und sahen nur, was sie verloren hatten oder was ihnen die Wessis – vermeintlich – immer noch vorenthielten. Ich dachte nicht so und versuchte, mich abzugrenzen. Mein Bekanntenkreis veränderte sich. Ich trat auch in einen Kegelklub ein, in dem leitende Mitarbeiter von Mercedes-Benz verkehrten. Die meisten waren schon in ihren Vierzigern und Fünfzigern, ich war das Küken. Ein bisschen kam ich mir vor, als wäre ich einem Rotary Club beigetreten. Da stand ich nun – unter lauter Anzugträgern, Entscheidungsträgern und arrivierten Herren. Meine Kegelbrüder waren meine Chefs – ich wollte partout dazugehören, und sie akzeptierten mich. Nach einer Weile begannen sie, mich zu ihren Gartenfesten einzuladen. Wir unterhielten uns über den Job und die Firma, aber auch über private Dinge. Neugierig sog ich alles auf. Ich schnupperte hinein in eine fremde, verlockende Welt – die Welt erfolgreicher Wessis, die sich etwas aufgebaut hatten, die beruflich und gesellschaftlich dort standen, wo ich hinwollte.

Nur zu ein, zwei alten Bekannten im Osten hielt ich weiter Kontakt. Am unangenehmsten aber war mir das Gejammer meiner Eltern. Meine Mutter hatte mit Mitte vierzig noch einmal studiert, denn Russisch und Staatsbürgerkunde waren als Fächer ja nicht mehr gefragt. Als Französischlehrerin fand sie schnell eine Stelle an einem renommierten Berliner Gymnasium. Zwar wurde sie nicht als Beamtin eingestellt und bekam nur 80 Prozent des Westgehalts, aber immerhin. Doch statt sich zu freuen, klagte sie über ihre Wessikollegen und schimpfte, weil man sie nicht zur Rektorin ernannte. Mein Vater verkaufte Versicherungen und zog jeden Tag über Betrügerwessis und Kapitalisten her. Etwas hatte sich fundamental verändert – im Land, in meiner Familie, in mir. Zu DDR-Zeiten hatte es eine gewisse Solidarität gegeben, man half einander, das Auto zu reparieren oder das Dach zu decken, man besuchte sich und hatte einen großen Freundeskreis. Nach der Wende war das vorbei; als hätte jemand unser altes Leben einfach von uns abgehackt. Nun wurden einige reich, und anderen ging es schlecht. Die Leute beneideten einander, sie gingen sich aus dem Weg und redeten nicht mehr miteinander. Wer vorher durch den gesellschaftlichen Rost gefallen war, rächte sich und zettelte Fehden an – jetzt wurden die ausgegrenzt, die im neuen System Erfolg hatten. Im Westen war man mit sozialen Unterschieden aufgewachsen, im Osten nicht, darum blühte dort der Neid, es entstand sozusagen eine ganz neue Neidkultur.

Ich versuchte, den Osten hinter mir zu lassen. Meine Zukunft lag im neuen Deutschland – dort wollte ich mir ein gutes Leben aufbauen, dort wollte ich es zu etwas bringen. Und weil erfolgreiche Menschen Urlaub im Ausland machten, holten Kathrin und ich endlich unsere Hochzeitsreise nach. Meine Kegelbrüder nickten, als ich erzählte, dass ich eine dreiwöchige Reise in die Türkei gebucht hatte.

Wenn man zum ersten Mal in ein warmes Land fliegt, das man ja kaum aus dem DDR-Fernsehen kannte, ist das sehr exotisch bis surreal. Als ich mit Kathrin auf der Brücke über den Bosporus stand, umgeben von orientalischen Kuppeln und fremden Menschen, fühlte ich mich, als wäre ich in einem kleinen gallischen Dorf, umgeben von den römischen Lagern Laudanum, Kleinbonum, Aquarium und Babaorum, oder bei den Hobbits in Mittelerde, an einem Ort, wie es ihn nur im Märchen oder in erfundenen Geschichten gab. Die erste Woche verbrachten wir auf einem Segelboot, dann zogen wir ins Hotel. In einem Hotel zu wohnen ... sich bedienen zu lassen, am Pool in der Sonne zu liegen ... Wasserski zu fahren und in malerischen Buchten zu schnorcheln ... Wir schwelgten und staunten und versuchten, uns an das Fremde zu gewöhnen. Dabei spürte ich einen unbändigen Drang, auch all die anderen Länder und Gegenden kennenzulernen, die ich noch nicht kannte. Ich wollte gar nicht wieder nach Hause, sondern weiterreisen, wollte noch weiter fortfliegen und den Rest der Welt entdecken.

Unseren nächsten Urlaub verbrachten wir im Jahr darauf auf Sri Lanka. Das gönne ich mir zur Belohnung, dachte ich, weil ich die Meisterschule geschafft und mit dem Studium angefangen habe. Wieder ging ich ins Reisebüro, und wieder buchte ich drei Wochen. Ich buchte jede Kleinigkeit, von der Abfahrt bis zur Rückkehr. Natürlich war die Reise noch teurer, für Flug, Übernachtung, Vollpension und alle Extras bezahlte ich, ohne Taschengeld, 8000 D-Mark. Ich war eben kein Rucksacktyp. Außerdem war ein teurer Urlaub nun einmal ein einschlägiges Statussymbol – sag mir, wohin du fliegst, und ich sag dir, wo auf der Leiter du stehst ... Meine Kollegen im Kegelklub brüsteten sich ständig mit ihren Reisen. Dabei galt: Hauptsache, teuer – ich habe Manager erlebt, die sich in der Kantine wie die Kinder beim Quartett gegenseitig und lautstark mit den Kosten und Eckdaten ihrer Urlaube übertrumpften. Da wollte ich nicht nachstehen. Als ich im Kegelklub von unserem bevorstehenden Trip nach Sri Lanka erzählte, nickten meine Kegelbrüder, und in ihren Augen meinte ich jetzt zu lesen: Seht her, der Junge hat's geschafft.

Wieder landeten Kathrin, Emilia und ich in einer vollkommen fremden Welt. Palmen, der Indische Ozean, Buddhismus und Hinduismus – das war schon was für einen Ossi. Natürlich wollte ich nicht als solcher erkannt werden und legte viel Wert auf mein Äußeres, auch Kathrin trug nur Kleider, die sie im Westen gekauft hatte. Äußerlich wirkten wir wohl wie eine glückliche Wessi-Gutverdienerfamilie. Innerlich allerdings entfernten wir uns voneinander. Seit Emilias Geburt arbeitete Kathrin nicht mehr, sondern kümmerte sich um das Baby, den Haushalt, die Wohnung, die Einrichtung und hielt mir den Rücken frei. Eigentlich sehr egoistisch von mir, aber sie fügte sich in die Rolle der Haus- und Ehefrau. Bei gesellschaftlichen Ereignissen war ich fast immer allein unterwegs. Sie interessierte sich auch nicht dafür, was ich machte. Sie wusste gerade, wo ich arbeitete.

Auf Sri Lanka lernten wir zwei junge Frauen aus dem Westen kennen, eine Millionärstochter aus Düsseldorf mit ihrer Freundin. Wieder in Deutschland, besuchten wir sie. In Grefrath besaß ihre Familie ein großes Gut mit Pferdeställen, einer eigenen Zucht und einer Rennbahn. Ihr Vater fuhr selbst im Sulky. Ich bewunderte ihn, er war ein cooler Typ, ein erfolgreicher Bauunternehmer, der diesen Geld-spielt-keine-Rolle-Duft verströmte. Seine Frau züchtete Hunde, American Staffordshire Terrier. Ein Welpe kostete 5000 D-Mark, vor allem Ärzte, Anwälte und Zuhälter waren scharf auf *Am Staffs*. Die Familie gehörte zu den Topzüchtern in Deutschland, die Mutter flog mit ihren Hunden sogar zu internationalen Ausstellungen und Rassehundeschauen in den USA. Ich war beeindruckt – vor allem aber von dem unglaublichen Reichtum.

Als ich mit Kathrin und Emilia in unsere neue Wohnung zog, kaufte ich auch einen American-Staffordshire-Welpen. Der Kleine hieß Diamond Whitehead X-pert vom Lanzenberg – was für ein Name! X-pert stand für die Blutlinie, Lanzenberg war der Zwingername. Wir nannten ihn Dandy. Dandy wurde nicht sehr groß, war aber bald ein richtiges Kraftpaket. Ich tummelte mich nun auch in der Hundezüchterszene. Wir wollten Dandy als Zuchtrüden aufbauen und fuhren extra nach Frankreich, um ihm dort die Ohren kupieren zu lassen. In ganz Europa besuchten wir Schauen und Ausstellungen, fast jedes Wochenende waren wir unterwegs, um möglichst viele Trophäen einzusammeln und den Zucht- und Marktwert unseres Hundes zu steigern.

Wenn ich heute daran zurückdenke, muss ich sagen: Ich war ziemlich bescheuert und ein Arschloch. Das kann ich heute gar nicht anders benennen. Der Hund war ein Statussymbol. Wie der Mercedes vor der Tür. Und ein Geldmacher. Für jeden »Sprung«, also jede Begattung, die Dandy machte, kassierte ich stolz 5000 D-Mark. Und Dandy sprang oft und gern. Ich verdiente richtig Kohle mit ihm. Gleichzeitig kosteten die Ausstellungen, Reisen, Übernachtungen einen Haufen Geld. Doch ich flog weiter mal eben nach Brüssel oder Prag, nur damit mein Rüde einen Preis gewann. Stundenlang stand ich mit ihm und anderen konkurrierenden Hunden herum und wartete – was für ein Stress für die Tiere, was für eine Tierquälerei! Im Ring durften sie dann aber auf keinen Fall aggressiv wirken, um nicht das negative Bild des Kampfhundes heraufzubeschwören; American Staffordshire Terrier sind zwar die liebsten Hunde, die ich kenne, aber in den falschen Händen können sie natürlich auch zur Waffe werden.

Ursprünglich wurden sie in England und den USA gezüchtet, die Farmer wollten ihre Viehherden vor Wölfen und Bären schützen. Später im Vietnamkrieg wurden Hundestaffeln eingesetzt, um Verwundete an der Front zu bergen. Staffords sind intelligent und fürchten weder Büffel noch Bomben. Aber sie wurden auch immer wieder missbraucht und zur Wildschweinjagd eingesetzt oder bei illegalen Hundekämpfen, und so entstand das Bild von der ungebremsten Kampfmaschine. Das wollte ich revidieren. Trotzdem verurteile ich meine Züchterei heute.

Später gab ich sie dann auch wieder auf. Als ich ins Management aufstieg, passte so ein Freizeitvergnügen nicht mehr ins Bild. Doch damals bewegte ich mich mit großem Spaß in diesen Kreisen und lernte dabei auch viele neue Bekannte kennen – äußerst wohlhabende Leute. Weil ich selbst noch der kleine Monteur im Blaumann war, erzählte ich nur ungern, wie ich mein Geld verdiente. Mit meinen 6000 D-Mark im Monat und den Einnahmen aus der Hundezucht konnte ich in diesen Kreisen auch nicht wirklich mithalten. Allerdings fuhr ich durch meinen Job immer das passende Auto. Der Bredack arbeitet bei Mercedes, hieß es. Genauer fragten die Leute dann meist nicht nach. Und so passte ich irgendwie doch wieder ins Bild, auch wenn ich selbst in dem Gefühl lebte, ein Blender zu sein – mehr Schein als Sein.

Dass ich der einzige Ossi in meinem exklusiven Berliner Kegelklub war, war seltsamerweise kein Problem. Im Gegenteil, es geriet mir sogar zum Vorteil. Man gönnte mir meinen Aufstieg. Einer tat wohl nicht weh. Einer nahm ihnen noch nichts weg. Die Herren aus dem Westen konnten sogar herumerzählen, dass sie einen echten Ossi kannten. Sie konnten sich mit ihrer Toleranz und Hilfsbereitschaft brüsten.

Und dann ging auf einmal alles sehr schnell.

Über Nacht war es vorbei mit meinem Monteursleben. Im Werk Wörth der Daimler AG bot man mir 1996 einen Job an. Wir zogen nach Rheinland-Pfalz. Und meine Karriere ging richtig los.

Der große Deal

Es gibt einen Kreis von Geldgebern, die viele Millionen Euro in meine Firma investieren möchten. Zwanzig Millionen Euro, um es genau zu sagen. Mein bisheriger Partner bei Veganz ist Tofutown; der Gründer, Bernd Drosihn, ist ein Pionier in Sachen Tofu und pflanzliche Bioprodukte. Würden die Investoren bei uns einsteigen, würden sie für zwei Millionen Euro 25 Prozent der Veganz GmbH übernehmen, weitere 18 Millionen Euro würden als Einlage in die GmbH gehen und zu den banküblichen Sätzen verzinst. Mit dem Geld könnte ich gut arbeiten. Ich wäre unabhängig von den Banken – eine großartige Perspektive! – und könnte expandieren. Und zwar so, wie es für das Unternehmen gut wäre. Diesen Schritt in die Zukunft bereite ich gerade vor.

Die Investoren sind Erben eines deutschen Familienunternehmens, das an einen internationalen Nahrungsmittelkonzern verkauft wurde – jene Pizza-Erben, von denen ich schon im Kapitel *Big Business ist nicht der Feind ...* berichtet habe. Sie haben, bevor sie begannen, sich für grüne Lebensmittel zu interessieren, auf Massentierhaltung gesetzt. Eine ihrer am häufigsten verkauften Pizzen war eine Pizza Salami – und Salamipizzen zählen bekanntlich nicht zu den hochwertigsten aller Lebensmittel. Nun wollen sie in grüne Unternehmen investieren. Zu investieren haben sie gelernt; in grüne Lebensmittel zu investieren haben sie nicht gelernt. Dass sie sich auf Neuland wagen, finde ich klasse. Auch die Leute selbst gefallen mir. Es handelt sich dabei um eine Handvoll Männer und Frauen, die alle Stimmrecht haben und gemeinsam entscheiden, in welche Firma sie ihr Geld stecken. Alle stehen mitten im Leben und haben erkannt, dass wir uns auf einem Markt mit Zukunft bewegen und dass wir mit die Ersten waren, die einen sich entwickelnden Trend aufgegriffen haben. Dass wir Wegbereiter sind und eine Infrastruktur und eine Marke aufbauen, die all jene Menschen anspricht, die jetzt und in Zukunft ihren Fleischkonsum einschränken, sich mit gesunder Ernährung beschäftigen und den Fortbestand unserer Erde sichern wollen. Das wiederum finden sie klasse.

Ich habe bereits beschrieben, wie sich Zivilisationskrankheiten ausbreiten; allein in meinem persönlichen Umfeld sind im vergangenen halben Jahr sechs Menschen gestorben, darunter drei Frauen im Alter von 33, 43 und 50 Jahren. Wahrscheinlich braucht es so ein Schockmoment, wahrscheinlich fängt die breite Mehrheit erst, wenn sie selbst betroffen ist, an, umzudenken und sich zu fragen: Was wäre, wenn ich ...? Dann geht es schnell nicht nur um Heilung, sondern auch um Prävention, denn viele Krankheiten hängen direkt oder indirekt mit unserer Ernährung zusammen. Und mit unserer Ernährung wiederum hängen andere Dinge zusammen, und man kann sie sich gar nicht oft genug vor Augen führen: 2050 werden voraussichtlich mehr als neun Milliarden Menschen auf dieser Welt leben. Unsere Ressourcen werden nicht mehr ausreichen, um sie zu versorgen. Schon heute leben 2,6 Milliarden Menschen ohne sanitäre Grundversorgung, fast 800 Millionen haben nach Ermittlungen der UN keinen Zugang zu sauberem Trinkwasser, und knapp 850 Millionen leiden unter Hunger. Gleichzeitig kämpfen mehr als eine Milliarde Menschen mit den Folgen von Übergewicht. Da schaden uns ein paar Heilsbringer nicht, egal, woher sie kommen. Die Pizza-Erben wollen an der Lösung dieser Probleme mitwirken. Und sie wollen dabei Geld verdienen. Sie investieren nicht nur in unser Unternehmen, sondern stecken allein in diesem Jahr weitere 150 Millionen Euro in andere

Firmen in der Branche – in vegane Restaurants, vegetarische Fast-Food-Imbisse, in Supermärkte und vegane Hotels, in verschiedene Hersteller veganer und vegetarischer Produkte. Manche nennen das – abschätzig gemeint – *Greenwashing.* Aber warum sollen Firmen, die ihr Geld einmal mit Massentierhaltung verdient haben, sich nicht trotzdem in Sachen gesunder Ernährung engagieren dürfen? Nur wenn wir die großen konventionellen Konzerne dazu bringen, aus geschäftlichem Interesse – oder nennen wir es meinetwegen: Gier – in ökologische Produktion und neue, pflanzliche und fleischlose Produkte zu investieren, wird sich nachhaltig etwas verändern.

Die neuen Investoren sind keine Vegetarier oder Veganer aus Überzeugung. Sie investieren in diesen Markt, weil er ihnen eine attraktive Rendite verspricht. Doch nur so, denke ich, kann vegetarische und vegane Ernährung mittelfristig von einem eher elitären Trend zu einem Massenphänomen werden. Wegen solcher Äußerungen werde ich in der Szene allerdings heftig kritisiert. Bisher war Veganismus ein revolutionärer Akt gegen den Mainstream. Aber ich möchte den Veganismus in die Mitte der Gesellschaft holen – auch wenn er dann nicht mehr anti und sexy ist. Man hat mir deswegen schon die Scheiben eingeschmissen oder mit roter Farbe *Veganz – nein danke!* auf die Wände gepinselt. Für viele Veganer bin ich ein Feind – einer, der Profit machen will, ein Vertreter des Big Business. Sie wollen ihre Idee stattdessen in Non-Profit-Kollektiven organisieren und verbreiten. Dass Non-Profit-Konzepte in der breiten Masse aber nicht funktionieren – oder noch nicht funktionieren –, sehen sie nicht.

Erst vor ein paar Tagen fand wieder eine Demo vor einem unserer Läden statt – weil wir Pflanzenmilch von Alpro verkaufen. Die Aktivisten forderten uns auf, den Hersteller zu boykottieren, weil das Unternehmen zu Dean-Foods gehöre, einem der größten Tiermilchproduzenten, noch so einem

Feind. Doch erstens stimmt das nicht, denn Dean-Foods hat Alpro längst wieder verkauft. Und zweitens finde ich es eben unterstützenswert, wenn ein Großkonzern mit seinen finanziellen Mitteln in den Pflanzenmilchmarkt einsteigt und diesen dadurch fördert. So sinkt schließlich der Konsum von Kuhmilch. Ich suchte also das Gespräch mit den Demonstranten, um zu deeskalieren. Eine Stunde lang diskutierten wir. Ich vertrat meine These: Wenn einer der größten Milchproduzenten unternehmerisch und strategisch die Entscheidung trifft, in Pflanzenmilch zu investieren, dann darf man das nicht torpedieren, sondern sollte es unterstützen, weil dieser Konzern den Markt beherrscht und alle Hebel in der Hand hält. Er bestimmt, welche Mengen welcher Produkte wo hergestellt und verkauft werden. Wenn ich diesem Unternehmen die Möglichkeit biete, in dem noch kleinen Marktsegment der Pflanzenmilch ebenfalls Profit zu machen, fördert das den Verkauf in einem Maß, das niemand anderes in derselben Zeit erreichen kann. Ich nutze die Kraft, die Power, die nur dieser Konzern hat.

»Aber«, sagte der Sprecher der Demonstranten und hob den Zeigefinger, »dieser Konzern beutet Tiere aus für seine Milchproduktion. Das kann man doch nicht noch unterstützen!«

»Nein«, antwortete ich. »Aber wenn durch sein Geschäftsmodell der Anteil der Pflanzenmilchproduktion steigt, sinkt entsprechend der Anteil der Tiermilchproduktion.«

Da konnte er nichts mehr erwidern.

Die Demo wurde abgebrochen. So glimpflich geht es nicht immer ab. Wir haben unser Statement im Internet an rund 40 000 Leute kommuniziert – und unsere Facebook-Seite ist voll von Beschimpfungen und Drohungen. Trotzdem werde ich auch in Zukunft nicht gegen das Big Business arbeiten, sondern versuchen, seine Marktmacht für meine Ziele zu nutzen – wie ein Jiu-Jitsu-Kämpfer, der einen Angriff pariert, indem er die Kraft des Gegners einfach umleitet. Verstehen Sie mich bitte nicht falsch: Ich bin nicht Mutter Teresa. Ich bin aber auch kein Kapitalist. Ich bin nur einer, der den Kapitalismus verstanden hat und ihn nutzt. Meine persönliche Motivation ist nicht Geld. Die Vermehrung von Kapital ist nur mein Mittel zum Zweck. Denn ich war einmal sehr reich, ich flog aus einer Laune heraus nach New York und fuhr mit der Stretchlimo zum World Trade Center, um im 107. Stock im Windows on the World mit meiner Frau zu Abend zu essen – ich hatte diesen ganzen Quatsch. Schön, ja. Und ich weiß, dass mich Geld nicht glücklich gemacht hat.

Im Gegenteil.

Und plötzlich bin ich Manager

Zum Jahreswechsel 1995/96 zog ich mit meiner Familie nach Wörth. Die Stadt liegt am Rhein, auf der Höhe von Karlsruhe, nahe der Grenze zu Frankreich. In Wörth befindet sich das größte Lkw-Montagewerk Europas. Da ich Meister war, sollte ich als Ausbildungsleiter Werksmitarbeiter unterrichten. Doch es dauerte kein halbes Jahr, da wurde ich vom Kundendienst abgeworben – der zentralen Anlaufstelle für die Werkstätten in allen Ländern, in denen Daimler Lkws baute oder verkaufte. Sämtliche Umrüst- oder Rückrufaktionen wurden von hier aus gesteuert, Diagnosetools entwickelt – die Arbeit war vielfältig und spannend. Mein Vorteil war, dass ich aus der Praxis kam. Ich hatte auf der Autobahn unter zahllosen Schleppern gelegen, Diagnosen erstellt und Reparaturen durchgeführt. Ein weiterer Vorteil war, dass Elektronik zu meinen Spezialgebieten zählte. Zu dieser Zeit kam nämlich eine neue, vollelektronische Lkw-Generation auf den Markt. In der Ausbildung hatte ich die Mitarbeiter schon theoretisch auf den Actros vorbereitet. Heute ist er ein Klassiker – doch damals, als die erste Baureihe eingeführt wurde, hatte er noch einige Kinderkrankheiten.

Jeden Tag saß ich in Wörth am Telefon und half Kollegen auf der ganzen Welt, Fehler in Getrieben, Motoren, Achsen und Bremsanlagen aufzuspüren. Ich war eine Art Ferndiagnostiker – ich fragte, hörte zu, recherchierte, beriet und schrieb Serviceinformationen. Ließ sich ein Problem nicht lösen, stieg ich ins Flugzeug, flog nach Südafrika, Polen oder Japan und reparierte selbst vor Ort. Ich kam viel herum, denn alle Daimler-Werkstätten weltweit hatten meine Nummer, und das Telefon stand nie still. Bald war ich innerhalb des Konzerns recht bekannt. Wir waren ein Team von zwölf Kundendienstmitarbeitern, doch nur drei Kollegen waren auf Elektronik spezialisiert – gefragte Leute angesichts der Tatsache, dass der Actros vollelektronisch funktionierte und ohne Saft in der Karre einfach nix lief. Wir waren sozusagen die von der 110. Mobile Problemlöser. Im Grunde nichts anderes als mein Notdienstjob auf dem Berliner Ring, nur auf einem anderen Niveau. Man nannte mich jetzt *Troubleshooter*.

Manche Situationen waren ziemlich heikel. Ich traf auf Fahrer, deren Bremsen komplett versagt hatten und die in Unfälle verwickelt worden waren. Wer einen Lkw kauft, kauft eine Arbeitsmaschine, er will mit dem Fahrzeug sein Geld verdienen und erwartet, dass es einwandfrei funktioniert. Jede Panne, jeder Unfall kann für ihn zum existenziellen Problem werden. Mercedes machte mit dem Actros einen mutigen Schritt, sie waren die Ersten in diesem Bereich. Doch die vielen Fehler der ersten Baureihe kratzten am Image des Konzerns und schlugen sich zudem in den Bilanzen nieder. Mir half das – ich war der Mann der Stunde und fühlte mich wichtig und bedeutend. Innerhalb eines kleinen elitären Zirkels tüftelte ich an Lösungen für die kompliziertesten Probleme, bastelte und entwickelte eigene Ideen. Bald wurde ich intern erneut abgeworben.

Diesmal schickte man mich nach Stuttgart. Ich sollte in ein Entwicklungsprojekt einsteigen, es ging um eine Steuerungsanlage für Müllfahrzeuge. Bislang hatte ein Lkw ein Schalt- oder Automatikgetriebe, doch mit der Einführung des Actros schalteten und kuppelten diese Fahrzeuge selbst. Daimler verkaufte das als Weltneuheit. Aber man hatte vergessen, dass beispielsweise für Feuerwehr- und Müllfahrzeuge herkömmliche Automatikgetriebe unabdingbar sind. Müllfahrzeuge müssen alle fünf Meter anhalten und gleichmäßig im Schritttempo fahren können, ein Feuerwehrwagen muss sehr schnell beschleunigen können. Diese Anforderungen stellten die neue Technik vor Probleme, mit denen niemand gerechnet hatte. Die Kunden schimpften, die neuen Fahrzeuge taugten in der Praxis nichts.

Man brauchte dringend Ideen und Lösungen.

Als *Troubleshooter* hatte ich früh von diesen Schwierigkeiten erfahren. Schon in Wörth hatte ich an Lösungen gearbeitet. Nun saß ich unter lauter Schlipsträgern in der Konzernzentrale. Das Management war alarmiert – ein Müllfahrzeug beispielsweise ist nicht billig, es kostet schnell 300 000 oder 400 000 Euro. Außerdem explodierten inzwischen die Kosten für Reparaturen. Und die Verkaufszahlen gingen wegen der anhaltenden technischen Pannen zurück. Es ging also um sehr viel Geld. Und es ging um das Image des Unternehmens – ein Stern auf dem Kühler bürgt üblicherweise für höchste Qualität.

Die neue Schaltung, die ich entwickelte, wurde zuerst an Müllfahrzeugen getestet. Ich fuhr mit meinen Kollegen zu den Kunden, vor Ort bauten wir die Steuerungsanlagen ein und testeten sie *on the job.* Sie funktionierten. Wieder stieg meine Reputation. Nun wurde auch der Vertriebschef der Lkw-Sparte auf mich aufmerksam. Dieser Mann wurde im Konzern eher gefürchtet als geliebt. Er war ein sogenannter Level-C-Vorstand; Level A ist der Vorstandschef, aktuell Dieter Zetsche, Level B sind die ordentlich bestellten Vorstände, etwa fünf Leute, und Level C ist der erweiterte Vorstand; wer dort sitzt, hat es eigentlich schon geschafft, auch dort verdient man bereits richtig viel Geld. Weil der Ärger mit dem Actros auf ihn zurückfiel, startete er eine Qualitätsoffensive. Dabei griff er zu drastischen Mitteln.

Jeden Samstag um acht Uhr früh ließ er sämtliche Entwicklungsleiter der Baureihe, rund 300 Leute, in einem Kinosaal antreten. Es wurden Listen mit allen den Actros betreffenden Fehlern und Problemen verlesen. Zu jedem Detail musste der Verantwortliche Rede und Antwort stehen und darlegen, wie er das Problem lösen wollte. Der Vertriebschef hörte sehr aufmerksam zu. Einige Angestellte schwitzten bei diesen Veranstaltungen Blut und Wasser. Manche verloren auch ihren Job. Alle fürchteten sich vor dem Vertriebschef. Dieses Image hatte er bewusst aufgebaut und nutzte es nun, um die Reihen für einen Neuanfang zu säubern. Als Kundendienstmitarbeiter stand ich natürlich mit an vorderster Front. Allerdings war ich nicht Teil des Problems, sondern Teil der Lösung. Und dann gab es eine entscheidende Veränderung, ausgelöst an höchster Stelle.

Die als Proficenter organisierten Mercedes-Benz-Vertriebszentralen in den einzelnen Ländern wurden aus der Konzernzentrale in Stuttgart gesteuert. Auch die deutsche Vertriebszentrale war hier angesiedelt, allerdings nicht als eigenständiges Profitcenter. Vorstandschef Dieter Zetsche war davor Chef der Nutzfahrzeugsparte gewesen und entschied nun, die deutsche Vertriebszentrale aus der Stuttgarter Zentrale zu lösen. Sie sollte künftig von Berlin aus operieren – und zwar eigenständig, so wie die internationalen Vertriebszentralen es bereits taten. Im Zuge dieser Veränderungen wurde auch der Kundendienst neu ausgerichtet. Künftig sollten wir nur noch die Interessen unserer Kunden vertreten. In der Konsequenz bedeutete das aber, dass wir Kundendienstmitarbeiter quasi als Ankläger im eigenen Laden fungieren würden. Doch niemand hackt gern auf seinen unmittelbaren Kollegen herum. Darum wurde der Kundendienst aus dem Werk und der Produktion herausgelöst. Und das war die entscheidende Entwicklung für meine Karriere. Ich hatte Erfahrung in Projektarbeit, Organisation und Vertrieb – und man fragte mich, ob ich mir vorstellen könne, in der neuen Zentrale in Berlin einen deutschlandweiten Kundendienst für Lkws und Transporter aufzubauen und zu leiten.

Ich konnte es mir vorstellen.

Nun war ich also Manager. Alles ging sehr schnell, und bald baute ich Strukturen auf, stellte Leute ein oder entließ sie, gab ihnen Kompetenzen oder nahm sie ihnen. Ich degradierte meinen ehemaligen Vorgesetzten, weil es im Rahmen der Umstrukturierung nötig war. Der Mann hatte mich eingestellt, stand selbst kurz vor der Rente – und nun schnitt ich ihm die Eier ab. Meine Macht stieg, seine sank. Aber so ist das eben in einem Großkonzern.

Ich holte viele gute Leute nach Berlin, Mitarbeiter, die wirklichen Service im Kundendienst lieferten. Mein Budget betrug 34 Millionen Euro. Bei Meetings saß ich jetzt in der Nähe des Lkw-Vorstandschefs. Ich war die Stimme der Kunden. Ich war die Stimme des Marktes. Doch ich hatte keine Ahnung von Machtstrukturen und redete, wie mir die Ossischnauze gewachsen war. Ich wollte tatsächlich Probleme lösen, im Sinne des Unternehmens, und erklärte meinen Kollegen unverblümt, wo sie Fehler machten und was sie künftig anders machen sollten. Ich war 25 Jahre alt und in der Hierarchie weit unter diesen leitenden Angestellten und gestandenen Führungskräften. Doch ich hatte Rückendeckung durch meinen Vorstandschef. Einige Mitarbeiter hielten dem Druck nicht stand. Das tat mir leid. Aber ich machte weiter. Ich hatte einen Auftrag.

Und ich hatte ein Ziel.

Das Land der unbegrenzten Extreme

HappyCow ist eine Internetplattform für vegetarische und vegane Restaurants und Einkaufsmöglichkeiten. Geht man auf die Homepage, findet man mit wenigen Klicks an jedem Ort der Welt die nächstgelegenen Lebensmittelläden und Restaurants. *HappyCow* hat 1999 klein angefangen, als Portal für Reisende, und ist heute eine blühende Community, auf deren Site man viele interessante Adressen und Tipps zu allen möglichen Aspekten des veganen Lifestyles findet. Für einen Imagefilm drehte das *HappyCow*-Team auch in unseren Veganz-Läden.

Es ist kein Zufall, dass *HappyCow* in Los Angeles sitzt, im Paradies aller Veganer. Man ist dort in Sachen veganes Leben etwa zehn Jahre weiter als in Deutschland. Als ich vor Kurzem rübergeflogen bin, habe ich wieder erlebt, wie selbstverständlich und überhaupt nicht elitär es dort ist, sich vegetarisch zu ernähren. Ich war allerdings überrascht, dass das Angebot an veganen Produkten unser Sortiment nicht mehr übertrifft. Im Gegenteil: In Deutschland bieten wir inzwischen eine größere Vielfalt an veganen Lebensmitteln an. Das macht mir Hoffnung.

Doch ist ein USA-Trip auch immer wieder eine Reise in die Steinzeit der Ernährung. Zwar ist der Veganismus in der Mitte der Gesellschaft angekommen – pflanzliche Ernährung gleich gesunde Ernährung, diese Gleichung ist inzwischen allgemein anerkannt. Prominente Schauspieler ernähren sich vegetarisch oder vegan, so Joaquín Phoenix, Brad Pitt und Alicia Silverstone. Bill Clinton ist Veganer, der Exboxweltmeister Mike Tyson, die Leichtathletiklegende Carl Lewis und *Bay-Watch*-Ikone Pamela Anderson. Doch nirgendwo sind Junkfood und Massentierhaltung so tief im Alltag verwurzelt wie in Amerika. Es ist eben nicht nur das Land der unbegrenzten Möglichkeiten, sondern auch ein Land grenzenloser Gegensätze. Der Schriftsteller Jonathan Safran Foer beschreibt das eindringlich in seinem Buch *Tiere essen.* Nirgendwo leben so viele Veganer und so viele übergewichtige Menschen so dicht nebeneinander wie in den Vereinigten Staaten. Vielleicht hat das auch eine innere Logik – denn wenn das Pendel extrem in die eine Richtung ausschlägt, schlägt es auch genauso extrem in die entgegengesetzte Richtung aus.

Gesunde Ernährung ist in den USA eine Frage des Geldes. Junkfood ist billig, und selbst wenn Menschen gern etwas anderes essen würden als Burger oder Pizza, sind sie oft gezwungen, sich von Junkfood zu ernähren, weil sie sich gesundes Essen nicht leisten können; die sozialen Gegensätze sind in den USA ebenfalls extremer, als wir es in Deutschland kennen.

Auf den Boulevards zwischen Los Angeles und New York, in den Straßen zwischen Texas und Alaska leuchten die Reklamen von Taco Bell, McDonald's und Pizza Hut. Alle paar Meter stößt man auf eine Filiale einer Fast-Food-Kette. Die Konzerne haben den Markt unter sich aufgeteilt, wie Pepsi und Coca-Cola den Getränkekonsum. Sie beherrschen alles und verkaufen täglich Tausende Tonnen Junkfood. Vor ihren Drive-ins stehen die Autos, vor ihren Tresen die Menschen Schlange. Überall werden Hamburger, Fritten, Chicken-Nuggets, Burritos und Pork-Chop-Suey verkauft, zu Preisen zwischen 50 Cents und drei oder vier Dollar.

Ein frischer Salat in einem Restaurant kostet dagegen leicht 20 bis 30 Dollar. Da schlägt das Pendel in die Gegenrichtung ... Ich habe selbst in vielen verschiedenen vegetarischen und veganen Restaurants in Los Angeles gegessen. Oft waren sie teuer, und in manchen fühlte ich mich wie ein Aussätziger, wenn ich sie in kurzen Hosen betrat. Menüs kosteten 40 bis 45 Dollar – und ich hatte kaum etwas auf dem Teller! Wer, außer den Gutverdienern Hollywoods, kann sich das leisten? Wer, außer denen, die aus beruflichen Gründen schön und schlank sein müssen und darüber nachdenken, ob sie sich in ihren Privatjet nicht auch noch einen Swimmingpool einbauen lassen, kann so einen Aufwand für seinen Körper und seine Gesundheit betreiben? Dabei genügen die 20-Dollar-Salate nicht einmal Biostandards, jedenfalls nicht denen, die wir in Deutschland gewöhnt sind. Man muss in den USA schon einigermaßen reich sein, um gesund leben zu können. Darum ernährt sich ein großer Teil der Bevölkerung von billigem Fleisch, von Zucker- und Weizenmehlprodukten. Und wer jeden Tag Burger isst, kann leicht dick und krank werden. Der Dokumentarfilmer Morgan Spurlock hat in seinem Film *Super Size Me* einen Selbstversuch unternommen und sich 30 Tage ausschließlich von Fast Food von McDonald's ernährt. Nach einem Monat hatte er 11,1 Kilo zugenommen, und seine Blutwerte waren erschreckend.

Bei Veganz verkaufen wir viele Produkte, die wir aus den USA importieren. Jenseits des Atlantiks hat sich ein ganzer Industriezweig auf vegane Produkte und gut verdienende Kunden spezialisiert. Diese Firmen stellen Nahrungsmittel her, die sonst niemand herstellt. Darum bestimmen sie auch den Preis. Auch deshalb haben wir hierzulande ebenfalls das Problem, dass wirklich gesundes Essen teurer ist als ungesundes Essen aus einem Discounter. Und wir haben noch ein weiteres Problem: Nirgendwo sind Nahrungsmittel so billig wie in Deutschland. Und nirgendwo ist die Sensibilität der Verbraucher gegenüber Preissteigerungen so ausgeprägt wie hier. Steigt der Preis für ein Stück Butter um drei Cent, reagiert der Kunde sofort empört. Über die Fixierung auf den

Preis gerät aber die Frage nach dem Wert von Lebensmitteln aus dem Blick.

Die Discounter nutzen das und führen einen mörderischen Wettbewerb um die günstigsten Preise. Geringere Verdienstmargen für Landwirte und Produzenten, weniger Lohn und prekäre Arbeitsbedingungen für Beschäftigte zugunsten immer neuer Dumpingangebote sind die Folge. Eine Abwärtsspirale mit Folgen, die wir eigentlich nicht wollen. Die Krombacher Brauerei beispielsweise zahlte dem Einzelhändler Kaufland Geld dafür, dass der ihr Bier in seinen Regalen großzügig und gut platzierte und bewarb. Branchengerüchten zufolge weigerte sich Krombacher 2012 allerdings, eine Forderung nach Erhöhung dieses Millionenbetrages durch Kaufland zu akzeptieren. Prompt flog das Bier aus dem Sortiment. Letztlich ging wohl auch Schlecker an dieser Dumpingpolitik zugrunde, das ist jedenfalls mein Eindruck. Auch hier mussten immer weniger Mitarbeiter immer mehr Leistung für immer weniger Geld erbringen. Das heißt nicht, dass die Löhne in der konventionellen Lebensmittelbranche grundsätzlich geringer sind. Im Gegenteil: In der Biobranche werden größtenteils sogar noch niedrigere Löhne gezahlt. Bei Veganz zahlen wir im Durchschnitt 30 Prozent mehr, zusätzlich bekommen unsere Mitarbeiter eine Bonuszahlung. Zur ökologischen Nachhaltigkeit gehört für mich auch, dass man nicht nur Tiere, sondern auch seine Mitmenschen fair behandelt.

Kathrin und das große Geld

Nach der Geburt unseres Sohnes 1998 fiel Kathrin zu Hause die Decke auf den Kopf. Nachdem Philipp aus dem Gröbsten raus war, wollte sie nicht mehr nur die Kinder versorgen, sondern auch wieder arbeiten. Da ich viel auf Geschäftsreise war und immer wieder in die Situation geriet, dass ich von unterwegs meiner Mutter zum Geburtstag gratulieren oder meiner Oma im Krankenhaus gute Besserung wünschen wollte, diese aber weder einen PC noch ein Smartphone besaßen, auf dem sie meine Mail oder SMS hätten lesen können, kam ich auf eine Idee: Es brauchte eine Schnittstelle, die meine digitalen Nachrichten von unterwegs für analog lebende Menschen empfangbar machte.

Eine kranke Idee? Sie finden, ich hätte auch anrufen oder eine Postkarte oder einen Brief schreiben können? Nun, so wie ich damals lebte, hatte ich oft genug einfach nicht die Zeit für ein privates Telefonat oder einen handgeschriebenen Brief. Und so wie mir ging und geht es vielen Menschen. Aus dieser Erfahrung heraus hielt ich meine Idee auch für eine solide Geschäftsidee. Kathrin und ich ließen uns eine Homepage programmieren und gründeten einen Grußkartenversand im Internet. Hier konnten Kunden schnell und einfach Grußkarten zu allen möglichen Anlässen – Geburtstag, Ostern, Valentinstag, Weihnachten – verschicken. Sie konnten zwischen verschiedenen Entwürfen wählen und eine persönliche Nachricht in ein Textfeld schreiben – und wenn sie dazu keine Zeit hatten, würde sich unser Versand etwas für sie ausdenken. Ein Mausklick – und die Post war unterwegs.

Der Versand war Kathrin. Sie saß zu Hause im Arbeitszimmer vor ihrem PC, neben sich eine große Pinnwand mit allen Entwürfen und Designs sämtlicher Karten im Original. Bald gingen die ersten Bestellungen ein – und sie fing umgehend an, die Grußkarten zu gestalten, zu drucken und in sauberer Handschrift persönliche Botschaften zu notieren. Dann brachte sie sie zur Post.

Die Idee schlug ein wie eine Bombe. Bald berichtete die Presse über uns, und so wurden nicht nur gestresste Geschäftsleute auf uns aufmerksam, für die der Service ursprünglich gedacht war, sondern Deutsche in der ganzen Welt. Auch im Ausland lebten eine Menge Menschen, die wenig Zeit hatten, aber ihren Verwandten in der Heimat schnell, günstig und handgeschrieben Grüße senden wollten. Eine Zeitung nannte sie sogar die »Geschäftsidee des Jahres«. Und meine Frau schrieb – im Wohnzimmer, auf dem Spielplatz, beim Kochen, an manchen Tagen zehn, an anderen 50 Karten. Jeder Gruß kostete zwischen vier und zehn D-Mark, inklusive Versand. Manchmal verdiente Kathrin 300 bis 400 D-Mark an einem Tag.

Doch das war erst der Anfang.

Weil das Geschäft so gut lief, überlegten wir, was unsere Kunden vielleicht gern per Post verschenken würden. Gutscheine? Zum Beispiel für Musicals? Zu diesem Zeitpunkt konnte man Eintrittskarten für *Cats* oder *Das Phantom der Oper* nämlich nur über eine Telefonhotline oder in einem Reisebüro bestellen. Wir boten also an, mit unseren Grußkarten auch Gutscheine zu verschicken. Viele Kunden fanden das eine prima Idee. Was wir allerdings nicht bedacht hatten: Die Gutscheine mussten dort eingelöst werden, wo sie gekauft worden waren – also bei uns in Berlin. Und genau das wurde zum großen Clou.

Wir hätten die Eintrittskarten telefonisch bestellen und den Kunden zusenden müssen, denn damals gab es noch keinen Internetvertrieb für Musicaltickets. Also ließ ich kurzerhand selbst eine Website programmieren und sicherte mir zudem alle Domains, die irgendetwas mit Musical und Ticket zu tun hatten, rund 30 Adressen – *Musical-Ticket.de, Musicals.de, Stella-Musical.de* und so weiter. Die *Stella*-Adresse reservierte ich, weil der damals einzige Veranstalter von Musicals in Deutschland, mit eigenen Häusern in Hamburg, Berlin, Stuttgart, Bochum und Essen, die Stella-AG war. Dort, fand ich schnell heraus, war man noch nicht auf die Idee gekommen, selbst einen Ticketvertrieb im Netz aufzubauen. Kathrin und ich begannen also, Musicaltickets im Netz zu verkaufen. Anfänglich nur die Tickets, im weiteren Verlauf boten wir ganze Arrangements an, mit Übernachtung und Hotelpaketen, für Firmenfeiern und dergleichen. Wer bei Google *Musical* oder *Ticket* eingab, landete automatisch bei uns, denn wir waren die Einzigen, die so einen Service anboten.

Kathrin buchte den ganzen Tag Tickets und verschickte sie. Ich kümmerte mich nachts, nach meinem Job, um das Rechnungswesen. Im ersten Jahr machten wir einen Umsatz von 1,3 Millionen D-Mark – aus einem zwölf Quadratmeter großen Arbeitszimmer heraus. In Jahr darauf war es die gleiche Summe – in Euro! Und der Grußkartenservice lief parallel auch weiter. Außerdem wurden nur etwa die Hälfte der Gutscheine eingelöst. Viele Männer schenkten ihren Frauen Gutscheine für ein tolles Musical, die Frauen freuten sich, und obwohl die Gutscheine ein Jahr gültig waren, gingen sie trotzdem nicht hin. So wurden wir ziemlich reich. Zwar verdienten wir am Verlust anderer, aber was konnten wir dafür, wenn die Kunden sich das Musical gar nicht ansehen wollten?

Die Stella-AG zeichnete Kathrin bald als beste Verkäuferin aus. Später entdeckte die Firma, dass wir auch über eine Domain unter ihrem Namen verkauften, und verklagte uns. Ich musste alle *Stella*-Domains abgeben, und die Firma baute einen eigenen Onlineshop auf. Man profitierte von dem, was wir aufgebaut hatten. Doch es war uns egal, wir hatten unser Geld bereits verdient. Und ein halbes Jahr später ging die Stella-AG – aus anderen Gründen – ohnehin pleite. Für zwei Ossis, die den Kapitalismus erst spät kennengelernt hatten, hatten Kathrin und ich uns jedenfalls nicht schlecht geschlagen.

Angesichts der Armut und des Hungers in der Welt klingt es zynisch, zu sagen, dass Reichtum auch seine Schattenseiten hat. Doch diese Erfahrung habe ich damals ebenfalls gemacht.

Kathrin und ich verdienten viel Geld – und wir verprassten es. Wir machten teure Reisen, flogen nach New York zum Essen, kauften luxuriöse Uhren und Stereoanlagen und immer die neuesten Computer. Jede Woche gaben wir Tausende Euros aus. Es machte uns nicht glücklicher. Wir folgten einem Drang, Geld auszugeben, bestellten jeden Tag Kleidung im Internet, kauften noch einen PC für den Sohn, noch ein Hi-Fi-Gerät fürs Bad, und waren nicht zufriedener. Natürlich waren wir nicht kreuzunglücklich, und es war schön, diese Dinge zu besitzen, aber ich habe mich selten wirklich über etwas gefreut. Ich kaufte ein, und während ich bezahlte, dachte ich bereits darüber nach, was ich als Nächstes kaufen wollte. Ein Rennrad? Einen Swimmingpool? Einen Fernseher für 10 000 Euro? Ich könnte ihn Samstagnachmittag beim Einkaufen gleich mitnehmen ... Nein, es war dekadent, und so machte Besitz keine Freude mehr.

Heute glaube ich, zu wissen, dass es Freude macht, für etwas zu kämpfen. Wenn man ein Ziel hat und dafür Schwierigkeiten überwinden muss. Wenn man sich etwas wünscht, sich diesen Wunsch aber nicht leicht und sofort erfüllen kann. Viele Menschen wünschen sich einen Mercedes, einen

Porsche, einen Ferrari, doch für die, die sich diese Autos kaufen können, haben sie nicht den Wert und die Bedeutung, die sie für Menschen haben, die sich solche Autos nie werden leisten können. In meiner Kindheit habe ich die Erfahrung gemacht, wie es ist, wenig Geld zu haben. Später habe ich die Erfahrung gemacht, wie es ist, einer von Millionen armer Ossis unter Millionen reicher Wessis zu sein. Mit gerade einmal 30 Jahren durfte ich dann am großen Geld schnüffeln. (Natürlich gibt es Menschen, die noch mehr besitzen, doch für mich war das damals schon das große Geld ...) Irgendwann begann ich, zu realisieren, wie sehr sich meine Relationen verschoben hatten. Ich fing an, anders über Geld nachzudenken. Es erschreckte mich, festzustellen, dass das, was ich so lange so eisern angestrebt hatte – richtig viel Geld zu verdienen –, mir, als ich mein Ziel erreicht hatte, keine wirkliche Befriedigung gab. Anfangs dachte ich, dann müsste ich eben noch mehr Geld verdienen, dann würde ich mich auch wieder darüber freuen. Ich begann, an der Börse zu spekulieren, gewann und verlor, wie im Lotto; doch vor allem verlor ich nun endgültig den Bezug zu Geld. Ich verzockte 20 000 oder 30 000 Euro an einem einzigen Tag – ohne mit der Wimper zu zucken. Der Verlust rührte mich nicht. Ich bereute ihn nicht. Stattdessen spekulierte ich wild weiter. Ich gewann auch mal, doch unterm Strich verlor ich sehr viel.

Ich glaube nicht, dass ich damals, als 30-jähriger Mann, in der Lage war, unsere Konsumgesellschaft wirklich zu verstehen und zu durchschauen. Ich spürte nur, wie ihre Mechanismen begannen, mich anzuwidern. Ich arbeitete weiter, verdiente weiter, konsumierte weiter – und begriff erst später, dass dieses System krank ist und krank macht. Viele Menschen reiben sich jeden Tag für eine Karriere auf oder machen sich selbstständig, weil sie Geld und Macht wollen. Ich hatte beides sehr früh. Heute ist meine Motivation eine andere. Heute erfüllt es mich, zu sehen, wie ich eine Vision verwirkliche. Diese Befriedigung kann man sich mit Geld so wenig kaufen wie Liebe.

Obwohl, ich gebe es zu, ich mir ab und zu wünsche, ich hätte das viele Geld von damals noch. Denn es würde mir helfen, meine Pläne schneller umzusetzen.

Der RBB macht den Käsetest

Eines Tages kam ein Fernsehteam des Rundfunks Berlin-Brandenburg zu uns in den Laden. Es wollte testen, welche Vorurteile Verbraucher gegenüber veganen Produkten haben. In einer kleinen Feldstudie wollten die Reporter dazu Passanten interviewen und sie herkömmlichen und veganen Käse kosten lassen.

Das Gerücht, dass Veganer keinen Käse essen, hält sich hartnäckig. Aber es ist falsch – Veganer essen nur keinen Käse, der aus tierischen Produkten, also aus Kuh-, Schafs- oder Ziegenmilch, hergestellt wurde. Auch wir lieben Käse, wie wohl die meisten Menschen. Ich kenne viele Vegetarier, die gern vegan leben würden, es aber nicht tun, weil sie denken, sie dürften dann keinen Käse mehr essen. Ein Irrtum ... Das RBB-Team deckte sich also mit veganem Käse ein und zog los. Die Reporter sprachen alle möglichen Passanten an, unter anderem einen Postboten, mehrere Müllarbeiter, jede Menge Hausfrauen und ein paar Touristen aus Israel. Sie ließen sie die verschiedenen Käse probieren und fragten, ob sie ihnen schmeckten. Anschließend sollten die Leute raten, welcher Käse wohl vegan war. Das Ergebnis war verblüffend: Fünf von sechs Befragten schmeckte der pflanzliche Käse besser! Und alle sechs waren überzeugt, dass der Käse, der ihnen so gut schmeckte, ein tierischer Käse war. Offenbar sitzt es einfach fest in unseren Köpfen, dass Käse ein tierisches Produkt ist und dass ein pflanzlicher Käse einfach nicht schmecken kann.

Ich will nicht leugnen, dass veganer Käse vor einigen Jahren wirklich noch ungenießbar war. Doch es hat sich viel getan. Inzwischen gibt es veganen Schmelz- und Hartkäse, Frischkäse, Scheibenkäse, Fonduekäse, Reibekäse und Raclettekäse, es gibt Parmesan und Mozzarella. Diese Käsesorten bestehen aus Kartoffelstärke, Erbsenproteinen und Pflanzenölen wie Sonnenblumenöl, Soja- oder Kokosfett sowie natürlichen Geschmacksessenzen. Reiner Rohkostkäse wird beispielsweise auf der Basis von Cashewkernen hergestellt. Mithilfe von Bakterienkulturen kann man den Käse dann natürlich reifen lassen. Das Angebot ist inzwischen sehr groß, und in Form, Farbe, Geruch und Geschmack ist der vegane von tierischem Käse kaum noch zu unterscheiden. Allein in unseren Supermärkten bieten wir zurzeit über 100 vegane Käsesorten an. Da würde mancher Franzose neidisch ... Auch eine gute vegane Pizza unterscheidet sich geschmacklich nicht mehr von einer, die mit herkömmlichem Käse belegt wurde.

Wie bei vielen veganen Lebensmitteln werden auch beim Käse die besten Sorten zurzeit in den USA und Kanada hergestellt. In Geschmack wie Konsistenz kommen sie dem, was wir als guten Käse gewohnt sind, am nächsten. Es gibt jenseits des Atlantiks eine Menge kleiner und mittelgroßer Firmen, die sozusagen vegane Forschung betreiben und immer wieder verblüffende neue Produkte auf den Markt bringen. In Europa haben die Briten, Schweizer und Griechen die Zeichen der Zeit erkannt. In Deutschland steckt die vegane Käseherstellung noch in den Kinderschuhen. Veganen Käse aus Frankreich allerdings gibt es meines Wissens gar nicht. Da könnte sich in Zukunft etwas verändern – wer heute guten Käse aus Frankreich schätzt, wird vielleicht bald schon zu *Cheese made in USA* greifen. Denn die Entwicklung ist rasant. In wenigen Jahren wird es 100 oder 200 weitere vegane Käsesorten auf dem Markt geben. Manche Hersteller werden gute Geschäfte machen, manche sogar phantastische Umsätze einfahren. Spätestens dann wird veganer Käse den Mainstream erreichen, und seine Herstellung auch für die

Großindustrie interessant werden. Ich selbst merke täglich, wie die Nachfrage steigt, und versuche, darauf zu reagieren und ständig die neuesten Produkte anzubieten. Dabei achte ich allerdings darauf, keinen Käse zu verkaufen, der konventionell erzeugtes Palmöl enthält. Manche Hersteller fügen es ihren Produkten zu, um Konsistenz und Schmelzfähigkeit zu verbessern. Auch in der Industrie ist es ein gern verwendeter Rohstoff. Um Palmöl zu gewinnen, werden allerdings im großen Stil Regenwälder abgeholzt, wodurch wiederum der Lebensraum vieler Tiere, beispielsweise von Orang-Utans, vernichtet wird. So zerstören wir die grüne Lunge unserer Erde, und das widerspricht der veganen Lebensweise. Darum verkaufe ich nur Käsesorten mit Palmöl, das ökologisch nachhaltig gewonnen wurde.

Oft werden wir auch kritisiert, weil wir unseren Käse importieren. So entstünden unnötig lange Transportwege, was ökologisch nicht sinnvoll sei. Fakt ist aber, dass trotz eines Imports aus Kanada oder den USA der ökologische Fußabdruck eines veganen Käses geringer ist als der aller tierischen Käseprodukte. Der ökologische Fußabdruck ist ein Bild, das den Ressourcenverbrauch von der Herstellung bis zum Verkauf veranschaulicht, und vegane Produkte haben generell einen geringen Fußabdruck, denn der Herstellungsprozess tierischer Produkte ist immer aufwendiger. Um beispielsweise ein Kilogramm Fleisch zu produzieren, benötige ich je nach Tier bis zu 20 000 Liter Wasser und bis zu 16 Kilogramm Pflanzennahrung; 90 Prozent der weltweiten Sojaernte werden an die Nutztiere zur Fleisch- und Milchproduktion verfüttert und aus verschiedensten Regionen der Welt importiert. Außerdem wird das Fleisch im internationalen Ex- und Import über weite Strecken transportiert, die Produktion eines Kilogramms Fleisch setzt 36,4 Kilogramm CO_2 frei. Ein weiteres Argument, das ich Kritikern entgegenhalte: Veganer Käse, der in den USA produziert wird, wird mit Zutaten aus der jeweiligen Region hergestellt. Es sind also keine weiten Transporte von Rohstoffen nötig. Der einzige Transport ist der Export nach Deutschland, und der findet zum größten Teil auf dem Seeweg statt, was die geringste Umweltbelastung darstellt.

Unterm Strich ist veganer Käse also nachhaltiger herzustellen und zudem gesünder, denn er enthält weniger Kalorien, kein Cholesterin und löst keine Laktoseintoleranzen aus. Wer nun noch meint, beim Kauf veganer Produkte werde ihm doch sowieso nur ein industriell gefertigter Chemiecocktail vorgesetzt, dem halte ich entgegen: Vegane Lebensmittel bestehen in der Regel nur aus rein pflanzlichen Stoffen und Extrakten – auch Käse! Und darum muss niemand, der sich vegan ernähren möchte, auf das Vergnügen verzichten, ein richtig leckeres Stück Käse zu essen.

Mein Sohn kommt zur Welt – und ich habe keine Zeit

Als Kathrin 2005 mit unserem dritten Kind in den Wehen lag, saß ich mit dem Laptop auf den Knien neben ihrem Bett und schrieb geschäftliche Mails. Irgendwann gab sie mir ein Zeichen – und ich sprintete raus und holte die Hebamme. Als ich zurückkam, war der Kopf unseres Sohnes schon zu sehen. Meine Frau war wirklich tapfer und hart im Nehmen.

Natürlich kann man mir vorwerfen, mein damaliges Verhalten sei nicht ganz normal gewesen. Aber ich behaupte, die meisten Männer in Managerpositionen verhalten sich nicht anders. Vielleicht sind sie bei der Geburt ihrer Kinder nicht einmal anwesend. Sehr wahrscheinlich bekommen sie so manchen Kindergeburtstag, manche Beerdigung, manche Hochzeit in ihrer Familie auch nicht mit. Weil sie keine Zeit dafür haben. Weil sie unter so großem Druck arbeiten, dass sie ihrem Job alles andere unterordnen müssen. Eine Karriere, wie ich sie gemacht habe, fordert eine klare Entscheidung. Wenn ich nicht bereit bin, die Konsequenzen zu tragen, sollte ich mir den Aufstieg aus dem Kopf schlagen. Ein Managerjob ist nichts für Poser.

Ist die Entscheidung einmal gefallen, bleibt wenig Spielraum. Natürlich hat man auch mal frei. Doch das Tückische ist: Wer Teil eines Konzerns wie Daimler, der Deutschen Bahn oder einer international agierenden Bank ist, beginnt bald, sich für unentbehrlich zu halten. Dahinter kann sogar eine Geburt verblassen ...

Heute denke ich anders. Heute lebe ich auch anders. Heute kümmere ich mich um meine Kinder, so gut ich kann.

Heute laufe ich herum wie ein Schluffi, manchmal barfuß, in Jeans und irgendeinem alten Hemd. Nicht einmal, wenn Investoren kommen oder andere wichtige Leute, werfe ich mich wieder in Anzug, Hemd, Krawatte und Halbschuhe. Ich mag es nämlich, wenn meine Füße die Erde spüren. Ich will keine einengenden Schuhe mehr tragen. Wenn ich Schuhe trage, dann vegane Schuhe aus einem weichen Material – Schuhe, die aussehen wie gegossene Füße mit Zehen. Sie sind bequem und atmungsaktiv, und ich finde sie cool. Es ist mir egal, was andere Leute dazu sagen,

Allerdings arbeite ich noch immer 14 Stunden am Tag, manchmal auch 20. So gesehen, hat sich nicht viel geändert – nur, dass ich heute gelassen bin und glücklich mit meiner Arbeit und meinem Leben. Durch meine Ernährung habe ich eine fast unendliche Energie; inzwischen habe ich auch ein wenig Bauch, aber wenn er mir zu üppig wird, mache ich eben einen Rohkost-Monat. Ich bin viel unterwegs – ich reise von Berlin über Leipzig nach Prag, von Moskau nach Hamburg. Ich gucke in Frankfurt nach dem Rechten, kümmere mich um die Baustelle in Wien, erledige Kalkulationen, Buchhaltung und Einkauf oder stehe am Grill auf einem Veggiefest vor dem Brandenburger Tor und versuche, die Leute von den Vorzügen unserer Hamburger zu überzeugen. Ich arbeite gern, aber in meinem Leben zählen jetzt auch andere Dinge.

Damals zählten nur die Karriere und der Stern. Als man mir die Leitung des Lkw-Kundendienstes in der Vertriebszentrale Deutschland überließ, war ich in der Hierarchie noch recht niedrig, aber dennoch ziemlich mächtig. Ich sage »mächtig«, und das hört sich wichtig an – und das war es auch. Innerhalb des Unternehmens gehörte ich zu den 300 Führungskräften. Jeder von denen kämpfte permanent um seine Macht. Wie in der Politik, da geht es genauso zu. Denn jedes Quäntchen Macht ist mit Kompetenzen und Geld verknüpft und entscheidet über den weiteren Aufstieg – oder den Abstieg. Ständig werden hinter den Kulissen Strippen gezogen. Ständig herrscht ein Hauen und Stechen. Das ist nicht immer förderlich für die Sache, aber so ist es eben. Damals warfen mir viele Knüppel zwischen die Beine. Man versuchte, mich zu wichtigen Veranstaltungen nicht einzuladen, mir bestimmte Informationen vorzuenthalten und die eigenen Interessen an meinen Entscheidungen vorbei durchzudrücken. Ich war neu, ich war jung, ich war ein Ossi – ein Emporkömmling. Drei Jahre kämpfte ich jeden Tag um meine Position und die Positionierung des neuen Kundendienstes innerhalb des Konzerns. So, wie ich heute für unser Recht kämpfe, sich gesund zu ernähren. Damals half mir, dass der Actros in seiner Anfangszeit so viele Probleme bereitete. Heute hilft mir, dass die Qualität vieler konventionell und industriell hergestellter Lebensmittel so schlecht ist. Für Daimler war es damals wichtig, keine Kunden zu verlieren. Heute sind viele Menschen darauf angewiesen, ihre Gesundheit zu erhalten. In den Strukturen, die ich bei Daimler aufbaute, wurden die Kunden direkt betreut. Dasselbe versuche ich heute, mit meinen Supermärkten umzusetzen. Damals war ich bei den Entwicklern und Vertriebsleitern ein gern gesehener Gast, während meine Exkollegen in Wörth in mir einen Feind sahen, weil ich sie entmachtet hatte. Heute bin ich für manche militanten Veganer ebenfalls ein Feind, weil ich ihre schöne revolutionäre Idee möglichst vielen Menschen zugänglich machen möchte.

Manchmal will man im Leben das Gute – und ist plötzlich der Böse.

Der Fleischkonsum und die Philosophen

Nichts, soll Albert Einstein gesagt haben, steigere die Chancen für ein Überleben auf dieser Erde so sehr wie der Schritt zu einer vegetarischen Ernährung. Soweit bekannt, wurde Einstein selbst erst gegen Ende seines Lebens zum Vegetarier und gestand dann: *Ich habe die Tierleichen immer mit etwas schlechtem Gewissen gegessen.* Ich glaube, das empfinden viele Menschen ähnlich. Sie essen Tiere, aber sie essen sie zunehmend mit schlechtem Gewissen.

Erst, als Einstein den Schritt zur fleischlosen Ernährung vollzogen hatte, erkannte er: *So lebe ich fettlos, fleischlos, fischlos dahin, fühle mich aber ganz wohl dabei. Fast scheint mir, dass der Mensch gar nicht als Raubtier geboren ist.* Auch diese Erfahrung teilen immer mehr Menschen, prominente wie nicht prominente. Ich bin kein Promifetischist – und leider auch kein Philosoph –, aber bekannte Menschen können eine Idee befördern. Also danke, Brad Pitt, Chelsea und Bill Clinton, Al Gore, Johnny Depp, Serena und Venus Williams, Tobey Maguire, Albino, Mike D, Moby, Macka B, Bryan Adams, Eric Roberts, Chaka Khan, Michelle Pfeiffer, Linda Blair, Daryl Kathrin, Woody Harrelson, Bif Naked, Joaquín Phoenix, Pamela Anderson! Gerade in Hollywood ernähren sich viele Schauspieler vegan, weil sie schlank bleiben müssen. Und in mancher Musikerfamilie scheint die Fleischlosigkeit schon erblich. So sagte Ex-Beatle und Vegetarier Paul McCartney: *Ich glaube an den friedlichen Protest, und keine Tiere zu essen ist ein gewaltfreier Protest.* Sein Sohn James, auch ein Rockmusiker, ist Veganer.

Interessant finde ich die Geschichte der Idee fleischloser Ernährung. Große Dichter und Denker wie Zarathustra in Altpersien, Pythagoras, Sokrates und Plutarch im antiken Griechenland und Ovid, Seneca, Vergil und Horaz im alten Rom haben darüber nachgedacht und geschrieben. Ihren Worten nach darf, wer ein ethisches Leben führen will, keine Tiere töten. Von Leonardo da Vinci ist der Satz überliefert: *Ich habe schon in jüngsten Jahren dem Essen von Fleisch abgeschworen, und die Zeit wird kommen, da die Menschen wie ich die Tiermörder mit gleichen Augen betrachten werden wie jetzt die Menschenmörder.* Wilhelm Busch fand, es werde *wahre menschliche Kultur* erst dann geben, *wenn nicht nur die Menschenfresserei, sondern jede Art des Fleischgenusses als Kannibalismus gilt.* Und Voltaire, der große französische Aufklärer, schrieb: *Gewiss ist es, dass dieses scheußliche Blutbad, welches unaufhörlich in unseren Schlachthäusern und Küchen stattfindet, uns nicht mehr als ein Übel erscheint, im Gegenteil betrachten wir diese Scheußlichkeiten, welche oft pestilenzialisch wirken, als einen Segen des Herrn und danken ihm in unseren Gebeten für unsere Mördereien. Kann es denn aber etwas Abscheulicheres geben, als sich beständig von Leichenfleisch zu ernähren?*

Ich finde, das sind ziemlich moderne Ansätze. Arthur Schopenhauer dachte bereits im 19. Jahrhundert über Tierrechte nach: *Die Welt ist kein Machwerk, und die Tiere sind kein Fabrikat zu unserem Gebrauch. Nicht Erbarmen, sondern Gerechtigkeit ist man den Tieren schuldig.* Und Albert Schweitzer postulierte: *Wo immer ein Tier in den Dienst des Menschen gezwungen wird, gehen die Leiden, die es erduldet, uns alle an. Tierschutz ist Erziehung zur Menschlichkeit.*

In der Literatur finden sich Überlieferungen wie die, nach der der russische Schriftsteller Leo Tolstoi eine Tante, die passionierte Fleischesserin war, zu sich einlud. Er führte sie ins Esszimmer, wo sie einen Truthahn lebend auf ihrem Teller vorfand. »Umbringen musst du ihn schon selber«, soll

Tolstoi gesagt haben, »wir haben es nicht übers Herz bringen können.« Der in Bulgarien geborene Schriftsteller und Nobelpreisträger Elias Canetti drehte den Spieß sogar um und schrieb: *Es schmerzt mich, dass es nie zu einer Erhebung der Tiere gegen uns kommen wird, der geduldigen Tiere, der Kühe, der Schafe, allen Viehs, das in unsere Hand gegeben ist und ihr nicht entgehen kann. Ich stelle mir vor, wie eine Rebellion in einem Schlachthaus ausbricht und von da sich über eine ganze Stadt ergießt.* Der Journalist und Autor Franz Alt befand: *Menschenliebe und Tierliebe haben so viel miteinander zu tun wie persönlicher Frieden und politischer Frieden.* Und die Schriftstellerin Luise Rinser analysierte: *Es ist die Anonymität unserer Tieropfer, die uns taub macht für ihre Schreie.*

In Deutschland gab es Anfang des 20. Jahrhunderts um den Anthroposophen Rudolf Steiner eine breite Bewegung, die sich den Menschen im Einklang mit der ihn umgebenden Natur wünschte und sich der vegetarischen, zum Teil rein pflanzlichen Ernährung verschrieb. Dazu gehörten der Schriftsteller Hermann Hesse ebenso wie die Architekten der Gartenstädte und auch so mancher Wirrkopf wie August Engelhardt aus Nürnberg, der nach Deutsch-Neuguinea zog und sich dort ausschließlich von Kokosnüssen ernährte.

Es lohnt auch, noch einen Blick nach Indien zu werfen, eines der bevölkerungsreichsten Länder der Erde. *Ich glaube, dass geistiger Fortschritt an einem gewissen Punkt von uns verlangt, dass wir aufhören, unsere Mitlebewesen zur Befriedigung unserer körperlichen Verlangen zu töten,* hat Mahatma Gandhi gesagt. Nicht alle Inder sind Veganer, aber die Mehrheit der indischen Bevölkerung ernährt sich zumindest vegetarisch. Mir persönlich gefällt vor allem ein Satz des indischen Philosophen und Literaturnobelpreisträgers Rabindranath Tagore aus seinem Werk *Der Weg zur Vollendung: Dies ist der Grund, warum Indien, ein ganzes Volk, das sich einst vom Fleisch ernährte, diese Nahrung aufgab, aus dem Gefühl der Liebe zu allem Lebenden – eine Tatsache, die einzig dasteht in der Geschichte der Menschheit.*

Na bitte – es geht doch!

Vom Everybody's Darling
zum Arschloch Bredack

Alle zwei Jahre findet in Hannover die weltgrößte Nutzfahrzeugmesse statt. Von 1998 bis 2005 fuhr ich jedes Mal mit meinem Team hin, begleitete Vertriebler und Vorstände in ihren Gesprächen und traf Spediteure aus aller Welt. Alle lobten inzwischen den Actros – und alle lobten unseren exzellenten Kundendienst. Die Vorstände hörten aufmerksam zu. Was dazu führte, dass man mir 2005 die Leitung des Vertriebs Service der Nutzfahrzeugsparte in Deutschland anbot. Wieder stieg ich eine Stufe höher in der Hierarchie. Ich war jetzt 32 Jahre alt, bekam ein sechsstelliges Gehalt, wovon 30 Prozent bereits variabel waren, plus Dienstwagen plus Sekretariat plus Tiefgaragenplatz im Haus. Letzteres sind Auszeichnungen, die vor allem nach innen wirken, innerhalb eines großen Unternehmens schauen alle sehr genau hin, wer welchen Dienstwagen fährt, wer wo parken darf, wessen Büro wie groß und wo gelegen ist.

Ich war nun Mitglied der Geschäftsleitung für den Vertrieb Service in Deutschland; und wieder war ich der Jüngste. Als leitende Führungskraft stand ich aber auch nicht mehr auf der Arbeitnehmer-, sondern auf der Arbeitgeberseite. Und ich schlidderte mitten hinein in eines der schärfsten Sparprogramme, das der Konzern jemals aufgelegt hat. Es musste gespart werden, darum wurden Strukturen verändert und ziemlich viele Mitarbeiter entlassen. Da in meinem Bereich unter anderem das Controlling für den Vertrieb Service angesiedelt war, feilschte ich vom ersten Tag an um Zahlen. Bis nachts um eins saß ich in Telefonkonferenzen und stritt mit Kollegen in der Stuttgarter Zentrale um Kennzahlen und Kopfzahlen und darüber, wie viele Mitarbeiter wir wo entlassen würden. Bislang war Mercedes für mich – wie für viele – ein Synonym für sichere Arbeitsplätze gewesen. Nun wurde ich mit einer neuen Wirklichkeit konfrontiert. Von den rund 400 Mitarbeitern, für die wir verantwortlich waren, mussten wir ein Viertel abbauen. Ich saß gestandenen Kollegen gegenüber und ließ Köpfe rollen. Gleichzeitig bekam ich selbst alle drei Monate einen neuen Dienstwagen: Limousinen, Geländewagen, M-Klasse, GL-Klasse ... Ich feilschte unerbittlich mit den Teamchefs. Dabei ging es nicht um ihre Posten – aber um ihre Macht. Keiner wollte einen einzigen Mitarbeiter aus seinem Team entlassen, nicht aus Großherzigkeit oder sozialem Gewissen, sondern weil weniger Mitarbeiter geringere Kopfzahlen und ergo Machtverlust bedeuteten. Ein Abteilungsleiter mit weniger Mitarbeitern gilt weniger als einer mit mehr Mitarbeitern, er hat weniger zu entscheiden und weniger Funktionen. Es gab viel böses Blut, als ich Bereiche zusammenlegte, Kopfzahlen neu definierte und Teamchefs degradierte. Die rächten sich und versuchten, mich bei meinem Chef anzuschwärzen. Neben den früheren Kollegen aus Wörth sägten bald jede Menge Leute aus anderen Bereichen des Unternehmens an meinem nagelneuen Stuhlbein. Ritzeratze, jeden Tag. Doch mein direkter Vorgesetzter stärkte mir den Rücken. Er förderte mich, soweit er konnte; auch er war ja abhängig von den Vorgaben seines Vorgesetzten.

Gemeinsam erstellten wir schwarze Listen, die wir mit den Kollegen vereinbarten, und die Kollegen mussten Mitarbeiter abbauen. Manche Mitarbeiter konnte man aber nicht einfach rauswerfen. Es gab Schulungen, wie in diesen Gesprächen vorzugehen war. Am Ende handelte man meist eine Abfindung aus. Ich führte selbst viele solcher Gespräche und war stets direkt und ehrlich: Wer nicht freiwillig und gegen Geld gehe, werde in der Abstellkammer landen. Dann habe derjenige zwar noch einen Job, aber seine Karriere sei zu Ende. Manchmal mobbten wir auch Leute, erklärten ihnen, wo sie ihren Job nicht richtig machten – obwohl sie gar keine Fehler gemacht hatten. Das war ziemlich fies, muss ich sagen. Aber an anderen Stellen in der Wirtschaft geht es auch nicht freundlicher zu.

Da mein Bereich einer der größten war, musste ich mit am meisten Mitarbeiter abbauen, und es war eine einschneidende Erfahrung, den Druck von oben zu spüren, den Neid der gleichgestellten Kollegen und den Hass der Leute unter mir. Dabei kam ich aus einem Job, in dem ich ein neues Team aufgebaut hatte, in dem ich Leute eingestellt und etwas Neues auf die Beine gestellt, in dem ich hoch motiviert, euphorisch und konstruktiv gearbeitet hatte. Ich war beliebt gewesen, ein Retter, ein Held. Nun war ich nicht mehr Everybody's Darling – nun war ich das Arschloch, das Leute rausschmeißt. Immer wieder kam es zu schlimmen Szenen, in denen auch ich schrie, Türen knallte, Kollegen mobbte. Gut, für viele konnte ich auch hohe Abfindungen aushandeln. Doch manches war wirklich nicht schön. Ich tat es, weil es mein Job war, weil man es von mir verlangte. Und entdeckte dabei eine Seite an mir, die ich nicht kannte und die mich erschreckte. Ich war ein ziemlich harter Hund. Wenn ich manchmal mit ehemaligen Kollegen rede, nennen sie mich noch immer so: einen harten Hund.

Schaue ich heute aus dem Fenster der Veganz-Filiale in der Warschauer Straße, sehe ich, gerade 200 Meter entfernt, die Mercedes-Benz-Zentrale, zwischen O_2 World und East-Side-Gallery, am Ufer der Spree. Ich sehe den großen Stern. Was ich damals aufgebaut habe, gibt es noch, und ich kenne auch noch viele Spediteure in Deutschland.

Doch ich bin froh, dass alles andere Vergangenheit ist.

Im Supermarkt der Religionen

Tiere zu schlachten und zu essen ist in den meisten Weltreligionen eine fest verankerte Tradition. In der Bibel opferte Abraham Gott anstelle seines Sohnes ein Lamm. Bis heute folgen Christen zu Ostern dem Ritus. Die Juden tun das Gleiche zum Pessach, die Moslems schächten ein Tier zum islamischen Opferfest. Fordert man einen gläubigen Juden oder Moslem auf, künftig keine Tiere mehr zu schächten oder überhaupt auf Fleisch zu verzichten, wird er sofort entsprechende Suren des Korans oder Stellen aus dem Talmud zitieren, die das Ausbluten und den Verzehr von Fleisch nicht nur rechtfertigen, sondern als religiöses Ritual vorschreiben. Lediglich der Verzehr von Schweinefleisch ist verboten; unter anderem, weil es schneller verdirbt als Rindfleisch und früher keine Kühlmöglichkeiten bestanden, somit hat dieses Verbot vermutlich einen ganz praktischen Hintergrund. In keiner religiösen Schrift der Welt findet sich allerdings meines Wissens nach ein Absatz, der den Verzehr von Eiern oder von Milchprodukten verbietet. Im Judentum ist es lediglich geboten, koscher zu leben und Fleisch- und Milchprodukte nicht gemeinsam zu verarbeiten und zu verzehren.

Dass Religionen das Töten und Essen von Tieren vorschreiben, ist ein Problem. Ich bin nicht angetreten, Glaubenssätze infrage zu stellen. Ich fühle mich nicht berufen, mit Rabbinern und Imamen zu diskutieren. Meine Argumentation hat einen anderen Ansatz: Keiner sollte anderes Leben auslöschen, um sein eigenes zu erhalten. In unserer industriell hoch entwickelten Gesellschaft ist das auch gar nicht mehr nötig, zumal wir heute zudem wissen, dass tierische Lebensmittel im Vergleich zu pflanzlichen gesundheitlich oft die schlechtere Alternative sind. Warum also Lebewesen züchten, um sie, lange vor Ablauf ihrer normalen Lebensspanne, zu töten? Für mich ist das eine Perversion und unvereinbar mit meinen moralischen und ethischen Grundsätzen. Doch ich weiß, dass man in Diskussionen um religiöse Regeln mit weltlichen oder logischen Argumenten oft nicht weit kommt. Ich sehe allerdings auch, dass viele orthodoxe Juden bei Veganz einkaufen. Sie sind auf der Suche nach koscheren Lebensmitteln, und auch wenn sie weiterhin Fleisch essen, ist das für mich ein Fortschritt. Denn wenn sie in einem veganen Supermarkt alternative Lebensmittel finden, ist doch bereits etwas erreicht. Mein Ansatz ist praktisch und niedrigschwellig und darin vielleicht sehr zeitgemäß: Ich möchte nicht das Leben aller Menschen umkrempeln – ich habe nur den Anspruch, zu zeigen, dass es auch anders geht. Ich möchte Lösungen aufzeigen, ohne allzu sehr auf dem Problem herumzureiten. Ich schreie nicht: Blut! Massentierhaltung! Mord! Ich sage: Liebe Mitbürger, ihr könnt auch zu euren Grillfesten gehen und Steaks grillen, ohne dabei etwas Tierisches zu essen.

Schockpropaganda hat mich noch nie beeindruckt. Es hört auch niemand auf zu rauchen wegen eines Horrorbilds auf einer Zigarettenschachtel. Ich glaube, die meisten Menschen haben einen Schutzmechanismus: Wenn es um den Tod geht, gehen wir auf Distanz. Wir wollen das Thema nicht zu nahe an uns heranlassen, nicht den eigenen Tod, nicht den Tod anderer Menschen und auch nicht den Tod von Tieren. Bei Daimler hatten wir einmal eine internationale Delegation zu Gast, und als wir am Brandenburger Tor in der Nähe der Berliner Niederlassung vorübergingen, wälzten sich davor Demonstranten in roter Farbe. Es handelte sich um eine Tierschutzaktion, wenn ich mich richtig erinnere, organisiert von Peta. Ihr Spektakel amüsierte uns. Es berührte uns einfach nicht. Anstatt auf Schock und Extreme zu setzen, ist es in meinen Augen viel sinnvoller, Menschen, denen man Alternativen zum herkömmlichen Steak und zur Massentierhaltung aufzeigen will, ein gutes Grillsteak auf pflanzlicher Basis vorzusetzen. Wenn es ihnen schmeckt, werden sie anfangen nachzudenken. Diejenigen, die – wie ich damals – nie reflektieren, was da eigentlich auf ihren Tellern liegt, werden auf Schock und Extreme nur mit Abwehr und Ablehnung reagieren.

Ich selbst nenne niemanden, der Tiere isst, einen Mörder. Ich unterstelle auch niemandem, der Fleisch isst, Spaß am Töten zu haben. Die meisten Menschen, die im Supermarkt Fleisch kaufen, würden es niemals über sich bringen, im Wald auf ein Reh zu schießen, da bin ich sicher. Bei Daimler hatte ich Kollegen, die in ihrer Freizeit auf die Jagd gingen. Obwohl ich zu jener Zeit Fleisch aß, begegnete ich ihnen mit Skepsis. Ich erinnere mich besonders an einen Kollegen, der mir im Konferenzzimmer oft gegenübersaß. Ich fand es sehr merkwürdig, mir vorzustellen, wie derselbe Mann am Sonntag mit der Flinte in den Wald ging und Wildschweine schoss. Für ihn waren Wildschweine, Hasen oder Kaninchen Schädlinge, die es zu dezimieren galt. Ihm war der Akt des Tötens gar nicht bewusst, er hatte ihn vielmehr umgedeutet in eine Arbeit, die er und andere Jäger zum Schutz und Wohl der Menschen erledigten. Doch obwohl ich die Tatsache, dass er Jäger war, schon damals als abstoßend empfand – der Mann war sicher kein blutrünstiger Typ.

Sich auf der Straße in Lachen roter Farbe zu wälzen, ist nicht mein Weg des Protests; ich habe mich nicht so weit von meinem alten Leben entfernt, als dass ich vollkommen vergessen hätte, wie ich damals gedacht und gefühlt habe. Ich bezeichne radikale Tierschützer – oder Jäger – auch nicht als Fanatiker, obwohl im Prinzip jede fanatische Haltung für mich auch einen Touch ins Religiöse hat. Doch mit moderaten Vertretern aller möglichen Ideologien und Religionen kann man immer diskutieren. Einige Rabbiner propagieren bereits die vegane Lebensform als die bessere. Unter evangelischen Pfarrern finden sich ebenfalls Anhänger. *Gehet hin und predigt das Evangelium aller Kreatur,* heißt es bei Markus 16,16 – dieses Zitat hat sich die Aktion Kirche und Tier (AKUT) auf die Fahnen geschrieben. Die Organisation will, so schreibt sie auf ihrer Homepage, *dem diakonischen Auftrag Jesu auch an der nicht menschlichen Schöpfung, besonders den Tieren, nachkommen und den Tieren in der Kirche, Theologie und Gemeinde Raum geben.* Immerhin, mit dem Gedanken an die Ehrfurcht vor dem Leben stellt sich AKUT gegen industrielle Massentierhaltung, Tiertransporte, Tierversuche, Jagd, Zoo und Zirkus. Pfarrer Dr. Ulrich Seidel schreibt auf der Website in seinen Gedanken zur Fastenzeit ohne Tierleid:

»Der Hauptgrund, dem Fleische abzuschwören, ist die Abscheu, andere Lebewesen zu töten, um sie sich einzuverleiben. ›Fleischessen ist die ethische Abwägung zwischen Lebensvernichtung und Gaumenkitzel‹, so Richard David Precht, und George Bernhard Shaw fügt hinzu: ›Wenn Schlachthöfe gläserne Wände hätten, würde die Zahl der Vegetarier sprunghaft wachsen.‹ Fleischessen als ›normale‹ Gewohnheit ist nur möglich durch konsequentes Wegschauen und würde sich sofort erledigen, müssten wir die Tiere eigenhändig töten. [...] Zu den ersten Geboten, die Gott dem Menschen in der Schöpfungsgeschichte gibt, gehören die unblutigen Nahrungsgebote. Wir dürfen essen von Pflanzen, die Samen und Frucht tragen (1. Mose 1,29) und von allen Bäumen des Weltengartens (1. Mose 2,16). [...] Nicht Fleisch und Wurst, sondern Samen, Nüsse, Früchte und Gemüse [...] sind unsere Nahrungsgrundlage mit ihren enormen Potenzialen an Nährstoffen. Da hält kein

Fleisch mit. Inzwischen übersteigen die Kosten zur Behandlung ernährungsbedingter Krankheiten das, was in Deutschland für Nahrungsmittel überhaupt ausgegeben wird: zu fett, zu eiweißreich, zu wenig Ballaststoffe. Die Hüften wachsen – zu viel der Fleischeslust …«

Manche Menschen bezeichnen sogar den Veganismus als eine Religion. Sicherlich ein Ansatz in einer Zeit, in der wir uns unsere individuelle Weltanschauung aus Anleihen bei den unterschiedlichsten Kulturen, Überzeugungen und Ideologien zusammenstellen, fast, als gingen wir mit dem Einkaufswagen durch einen Supermarkt. Ich persönlich lege da gern ein bisschen Christ, etwas Buddhist, ein Achtel Agnostiker, ein saftiges Stück Kapitalist und jede Menge Vollveganer in den Wagen – und ab zur Kasse.

repmycar.de

Etwa 2005 hatte ich eine weitere Geschäftsidee. Da ich im Unternehmen für den Vertrieb Service in Deutschland verantwortlich war, fiel mir ein immer wiederkehrendes Problem auf: Besitzer, deren Autos älter als drei oder vier Jahre waren, ließen Reparaturen nicht in der Vertragswerkstatt machen, sondern in freien Werkstätten. Die an die Hersteller gebundenen Autohäuser verloren Kunden. Wurden Autos verkauft, hatten sie zudem keine Kundendaten mehr. Es müsste, dachte ich, eine Marketingplattform geben, auf der alle an BMW, Mercedes, VW und andere Hersteller gebundenen Autohäuser vertreten wären, ähnlich der zu dieser Zeit gegründeten Homepage *myhammer.de.* Dort stellen Kunden ihre Aufträge ein, und die Handwerker bieten um diesen Auftrag, das heißt, sie unterbieten einander. Ebenso könnte man eine Website einrichten, auf der Autobesitzer einen Reparaturauftrag einstellten und die Autohäuser ein Angebot machten. Sie kalkulierten, was sie für den Auftrag berechnen würden, und überlegten, welche Zusatzleistungen sie anbieten könnten, beispielsweise Mietwagen. Zu diesem Zeitpunkt würden sie nicht als Vertragswerkstätten zu erkennen sein. Der Kunde suchte sich das passende Angebot in seiner Region oder an seinem Urlaubsort aus – dann erst würde der Kontakt freigeschaltet und der Kunde sähe, um welche Werkstatt es sich handelte. Die Werkstatt wäre verpflichtet, ihr Angebot vier Wochen lang aufrechtzuerhalten. So bekämen Kunden preiswerte Angebote, und die Autohäuser, die sonst sehr seriös auftreten mussten, könnten, weil man diese Website nicht mit ihnen assoziierte, aggressiv mit freien Marktführern wie Pitstop oder ATU oder Carglass konkurrieren. Zusätzlich bekämen sie auch noch die Adressen der Kunden, was wiederum für die Hersteller sehr wertvoll war, denn jeder Autobesitzer war auch ein potenzieller Käufer eines Neuwagens. Die Website würde ich beispielsweise *repmycar.de* nennen.

Zwei Jahre arbeitete ich jede freie Minute an der Idee. Ich suchte mir einen Kompagnon, einen ehemaligen Mercedes-Kollegen, der seinen Job verloren hatte, wir fanden zwei Gesellschafter, holten Programmierer ins Team, Werbeagenturen und andere Profis mit Know-how, das wir nicht hatten. Schließlich war die Idee ausgereift, und wir präsentierten sie den Autohäusern. Alle waren begeistert. Zum ersten Mal in der Geschichte zogen sämtliche Hersteller an einem Strang, und zur Internationalen Automobil-Ausstellung gelang es mir, sie alle zu Verhandlungen an einen Tisch zu bekommen. Wir spielten die Sache durch und rechneten: Würden alle Autohersteller diese bespielbare Werbeplattform nutzen, kämen sie im Laufe weniger Jahre an Kundenadressen, die für sie Millionen von Euro wert wären. Außerdem erhielten Autohäuser und Vertragswerkstätten jede Menge zusätzlicher Aufträge. In wenigen Jahren wäre das Start-up bei einem sogenannten Exit, einem Verkauf, 500 Millionen Euro wert. Diese Summe geteilt durch vier – es würde auf jeden Fall reichen! Mit dem Geld würde ich weitermachen, bis … Mir wurde ganz schwindlig. Das war sie – meine Chance, auf einen Schlag richtig reich zu werden. Reicher als mit unserer Grußkarten- und Gutscheinfirma und meinem Managergehalt. Vielleicht sogar Milliardär.

Ich ging zu meinem Chef und sagte: »Ich steige aus.«

Er sah mich an und hob eine Augenbraue.

»Ich mache mein eigenes Unternehmen auf, *repmycar.de*.«

Der Mann erschrak. Dann nahm er sich sehr viel Zeit und

versuchte, mich zu überreden zu bleiben. Für mich war es damals ein Abwägen: Risiko und sehr viel Geld einerseits – ein sicherer Job mit immerhin viel Geld andererseits. Ich hatte drei Kinder. Am Ende entschied ich mich für die Sicherheit. Ich trat meinem Kompagnon die Markenrechte ab. Mit den beiden Gesellschaftern kamen wir ohne formellen Vertrag überein, dass sie mich im Fall eines Exits nicht vergessen würden und mir überdies meine Investitionen vergüten müssten. So konnte ich auch nicht in einen womöglich noch strafbaren Interessenkonflikt geraten.

Es kam anders: Kurz bevor wir das ganz große Ziel erreichten, wurde mein ehemaliger Kompagnon gierig. Er überzog die beiden anderen mit Prozessen und beanspruchte alles für sich allein. Wir verpassten das Zeitfenster, in dem alle Hersteller vereint waren. So scheiterte das ganze Unternehmen. Ein Hersteller nach dem anderen stieg aus, und ich sah mein Lebenswerk – so empfand ich es damals – auseinanderfallen. All meine Erfahrungen und mein Know-how steckten darin – und sehr viel Geld, mein gesamtes verdientes, erspartes und zusammenschlawinertes Vermögen. Zwei Jahre lang hatte ich für meine Idee gebrannt – nun ging das Big Business, meine mögliche Milliarde, wegen eines gierigen Idioten den Bach hinunter.

Drei Monate später hatte mein ehemaliger Kompagnon einen schweren Motorradunfall. Eine Weile später verunglückte er erneut. Er war lange im Krankenhaus und in verschiedenen Reha-Kliniken. Die Plattform besitzt er heute noch. Doch sie arbeitet nicht. So ist das mit der Gier: Am Ende verliert man nicht selten alles.

Für mich war das Scheitern dieses Unternehmens jedoch äußerst lehrreich.

Von Mistgebirgen und Gülleseen

Butter ist der Umweltsünder Nummer eins. Während der Herstellung, Verarbeitung und Beförderung von Lebensmitteln entstehen Treibhausgase – allein die Herstellung von 500 Gramm Butter setzt fast zwölf Kilo CO_2 frei; um die gleiche Menge CO_2 mit dem Auto zu produzieren, müsste man rund 100 Kilometer fahren. Auch die Produktion aller anderen Milchprodukte ist in hohem Maß umweltschädigend, 500 Gramm Joghurt, Quark, Käse und Sahne verursachen CO_2-Werte zwischen 400 Gramm und vier Kilo. Einer der Gründe liegt in der geringen Haltbarkeit der Produkte. Um die leicht verderbliche Ware haltbar zu machen, wird viel Energie verbraucht, die für den Kohlenstoffdioxidausstoß verantwortlich ist. Frische Produkte dagegen verursachen deutlich weniger Emissionen, denn sie landen häufiger ohne lange Transportwege auf unseren Tellern.

Ein anderer Klimakiller ist das Rind beziehungsweise die massenhafte Produktion von Rindfleisch. Schon für kleine Mengen muss eine vielfach größere Anbaufläche für Tierfutter bereitgestellt werden, als sie vonnöten wäre, um mit den angebauten Pflanzen Menschen direkt zu ernähren. Zudem sind Rinder Wiederkäuer und stoßen Methan aus; Methangas belastet die Umwelt 20-mal stärker als Kohlendioxid. Und auch hier sind die Transportwege in der Regel sehr weit. Schon die sogenannte Lebendware legt oft mehrere Tausend Kilometer zurück, auf dem See- wie auf dem Landweg. Das tote Fleisch wiederum wird in verschiedene Produktionsstätten verbracht, um anschließend erneut Ozeane und Kontinente zu überqueren, bis es in unseren Kühlschränken landet. So entstehen Unmengen an CO_2. Die Produktion von 500 Gramm Rindfleisch verursacht im Schnitt 7000 Gramm Kohlendioxid – der massenhafte Konsum von Rindfleisch schädigt unser Klima nachhaltiger, als Autos es tun. Auch die Herstellung anderer Fleischsorten ist belastend: 500 Gramm Geflügel- oder Schweinefleisch verursachen 1800 Gramm CO_2, bei Tiefkühlware liegen die Schadstoffwerte noch höher. Der Mist und die Gülle, die während der Aufzucht der Tiere entstehen, müssen entsorgt werden, und dabei entsteht weiteres CO_2. Allein in den USA liegt der Anteil an Fäkalien aus der Massentierhaltung um das 130-Fache über dem Anteil menschlicher Fäkalien. Malen Sie sich einmal aus, wie hoch diese Mistgebirge, wie tief diese Gülleseen sind. Und rein rechnerisch kommen jede Sekunde rund 40000 Kilo hinzu. Von wegen, Landluft ist gesund ... Für dieses gewaltige Fäkalienproblem gibt es bisher kaum Entsorgungskonzepte. Gülle ist giftig. Manchmal verunglücken und ersticken Arbeiter auf den Viehfarmen in diesen Gülleseen. Außerdem gelangt sie ins Grundwasser.

Laut einer Statistik des Kraftfahrt-Bundesamts legten im Jahr 2009 Tiertransporte in deutschen Lastkraftfahrzeugen eine europaweite Strecke von mehr als 154 Millionen Kilometer zurück – die armen Schweine, Hühner und Rinder haben also knapp 4000-mal die Erde umrundet. Nicht mitgezählt sind dabei Lieferungen an Länder außerhalb der EU sowie Fahrten ausländischer Unternehmer. Einem Bericht der UN zufolge werden 18 Prozent aller Treibhausgase weltweit im Nutztiersektor produziert, was deutlich über dem Weltverkehrsaufkommen liegt. Die Massentierhaltung verursacht 37 Prozent der Methanemissionen und 65 Prozent aller Stickoxide, die um das fast 300-Fache schädlicher sind als CO_2. Und das Worldwatch Institute in Washington rechnet vor, dass die Massentierhaltung mit all ihren Folgen für 51 Prozent der

Gase verantwortlich ist, welche die globale Erwärmung vorantreiben. Fazit: Ein Fleischesser produziert siebenmal mehr Treibhausgase als ein vegan lebender Mensch. Oder anders ausgedrückt: Eine deutliche Umstellung unseres Essverhaltens könnte dem Klimawandel wirkungsvoller Einhalt gebieten als alle erneuerbaren Energien.

Worauf warten wir? Wir haben die Wahl.

Iron Man

Irgendwann meldete ich mich in einem Sportstudio an. Ein bisschen Fitness, dachte ich, kann nicht schaden. Schon am ersten Tag begegnete ich einem Triathlontrainer – und wurde, sozusagen von null auf hundert, zum Extremsportler.

So funktioniert es in unserer Gesellschaft: Wir kaufen uns eine teure Sportuhr, die Ruhepuls, Laufgeschwindigkeit, Lauf- und Fahrradkilometer misst. Eine Software verarbeitet die Daten und errechnet ständig unseren aktuellen Fitnesslevel. Man hat seinen Trainingsplan dabei und weiß immer, wie viele Kilometer man heute gefahren, gelaufen, geschwommen ist und wie viele man morgen schwimmen, fahren oder laufen sollte. Wir kontrollieren und optimieren, messen und maximieren unsere sportlichen Aktivitäten wie den Rest unseres Lebens. Für Freizeit im Sinne von Entspannung bleibt da nicht mehr viel Platz.

Irgendwann arbeitete ich so viel, dass ich keine Zeit mehr hatte, ins Fitnessstudio zu fahren. Also stand ich früher auf, im Sommer um fünf Uhr, im Winter um sechs, und lief 15 Kilometer. Wieder zu Hause, duschte ich und stieg aufs Mountainbike. Von Vogelsdorf bei Straußberg bis ins Büro am Potsdamer Platz waren es gut 30 Kilometer – ich fuhr die Strecke in einer Stunde und 15 Minuten. Ich raste wie eine gesengte Sau über die Bundesstraße. Kam ich in der Stadt nicht durch, wechselte ich von der Straße auf den Fußweg. Ja, ich war einer von diesen Fahrradrowdys. Einmal stellte sich mir ein Polizist in den Weg und versuchte, mich zu stoppen. Ich brüllte ihn an: »Sie haben mir meinen Schnitt kaputt gemacht!«

Der Polizist wollte ein Bußgeld, doch ich war im Geschwindigkeitsrausch. Ich wollte mein Ziel erreichen, mein Zeitlimit unterbieten, 40 Minuten heute durften morgen nur noch 39 Minuten sein. Wer mich damals kannte, erklärte mich für verrückt.

Im Büro angekommen, wusch ich mich auf der Behindertentoilette, denn eine Dusche gab es nicht, und zog mich um. Punkt neun Uhr saß ich in Anzug und Krawatte am Schreibtisch oder raste durchs Haus. Abends gegen 20 Uhr zog ich wieder meine Sportkluft an, stieg aufs Fahrrad und fuhr zum Tiergarten. Ich joggte eine Stunde. Was heißt »joggen« – ich rannte wie ein Irrer. Dann stieg ich wieder aufs Rad und fuhr nach Hause. Ankunft Vogelsdorf: 22:30 Uhr. Ein Blick auf meine Uhr sagte: kein schlechter Schnitt. Aber noch nicht gut genug.

Auf jeder Geschäftsreise hatte ich meine Laufklamotten dabei. Ich lief zehn Kilometer in 40 bis 45 Minuten, ich rannte 80 Kilometer in der Woche – und mein Trainer riet mir, 100 Kilometer in der Woche zu laufen und außerdem 200 Kilometer Rad zu fahren und fünf Kilometer zu schwimmen. Bei einer Größe von 1,85 Meter hatte ich einmal 120 Kilo gewogen und schließlich mit einem Managerkollegen, der um die 135 Kilo wog, gewettet, dass wir es innerhalb eines Jahres auf 90 beziehungsweise 100 Kilo brächten. Da alle Kollegen von unserer Wette wussten und, wer verlor, auf dem nächsten Händlergipfel vor 1200 Leuten auf der Bühne ein Lied singen musste, taten wir alles, um unser Ziel zu erreichen. Zuerst versuchte ich es mit leichtem Sport. Dann stieg ich auf Triathlon um. Am Stichtag hatten wir beide unser Ziel erreicht; allerdings hatte er ein bisschen beschissen, weil er am Tag zuvor noch fünf Stunden in der Sauna geschwitzt und anschließend nichts mehr getrunken hatte. Ich trainierte weiter. Ich verlor weiter Gewicht und war irgendwann schlank wie eine Gerte.

Triathlon ist kein Mannschaftssport. Man kämpft immer gegen sich selbst. Ich setzte mir Ziele: soundso viele Kilometer an diesem Wochenende, soundso viele am nächsten, am Wochenende darauf einen 24-Stunden-Marathon. Im Job bewegte ich mich in einem Haifischbecken, und irgendwo suchte ich Halt. Statt in der Familie fand ich ihn im Sport. Ich lief und fuhr und schwamm, sogar unter Schmerzen, es war wie eine Droge, und ich wollte immer mehr. Meine Knie brannten wie Feuer, ich ruinierte mir meine Gelenke und rannte weiter, schwamm weiter, fuhr weiter. Ich kickte mich von einem Ziel zum Nächsten – und kickte mich, ohne es zu merken, dabei ins Abseits.

Kathrin sagte nicht viel zu meinem Trainingsprogramm. Sie kümmerte sich um die Kinder und das Haus. Ich machte Sport und konzentrierte mich auf die Schlachtfelder in der Firma. Ab und zu nahm ich Philipp, meinen autistischen Sohn, mit zum Training, ich ließ ihn beim Joggen mit dem Rad nebenherfahren und mir die Wasserflaschen reichen. Ich dachte, das sei eine gute Idee, ihn einzubeziehen.

Heute tut mir das alles unendlich leid. Außerhalb von Daimler konnte ich mit niemandem mehr eine normale Beziehung aufbauen. Mein Leben drehte sich um Ziele, Leistung und Probleme im Job – eine in sich geschlossene und irgendwie künstliche Welt. »Projektperformance« nennt man das im BWL-Jargon, und im Konzern war ich bekannt dafür, dass ich Dinge anstoßen und gegen alle Widerstände bis zum bitteren Ende verfolgen konnte. Ich boxte alles durch – schließlich wollte ich die nächste Führungsebene erreichen. Ich setzte mich durch – manchmal einfach nur, weil ich zu jung war, um die Machtspiele wirklich zu verstehen. Die Vorstände schätzten mich. Für sie war es einfach: Sie gaben mir eine undankbare Aufgabe und ließen mich an der langen Leine laufen. Ich führte den Auftrag aus und freute mich über meine – vermeintliche – Freiheit und Eigenständigkeit. Unser Vertriebsvorstand, der inzwischen in die Pkw-Sparte gewechselt war, war immer noch wie eine Vaterfigur für mich, und das gab mir die nötige Sicherheit.

Vier Jahre lebte ich so extrem. Manchmal fragten die Nachbarn Kathrin scherzhaft, ob ich Zuhälter sei, weil vor unserem Haus ständig neue teure Autos standen. Dabei war die Idylle mit der Villa im Grünen und all dem Luxus längst ein Trugbild. Wahrscheinlich leben viele Familien so, und oft, wenn ich heute durch schöne Villenviertel fahre, denke ich: Hinter dieser Bilderbuchfassade lebt vielleicht ein Mensch, wie ich einer war, einer, der in seinem Hamsterrad strampelt wie ein Berserker und vergessen hat, wie seine Kinder heißen. Bei Freunden habe ich einmal einen wirklich sensationellen Hamsterkäfig gesehen: Der kleine Nager hatte eine Hamsterrutsche, einen automatischen Wasserspender, eine tolle Hamsterwohnung, eine Hamsterschaukel, vier verschiedene prall gefüllte Futterbehälter und ein Klettergerüst. Hightech und hippes Hamsterdesign auf 2500 Quadratzentimetern, toll. Nur eines hatten seine Besitzer vergessen: Der Hamster war immer noch ein Hamster – und allein in seinem Luxus.

Damals bewegte ich mich wie ein Gespenst durch mein Idyll, verschwand in der Frühe und kehrte spät nachts zurück. Meine Nachbarn sahen mich kaum, doch es war ihnen auch nicht wichtig, mich persönlich zu kennen. Kathrin sagte nur: »Mein Mann arbeitet bei Mercedes-Benz.«

Und die Leute antworteten: »Wow!« Kleider machen Leute, und Firmen machen Menschen. So simpel ist das. Wer den Stern oder ein anderes bekanntes Logo trägt, braucht sich um Achtung und Ehrfurcht in dieser Gesellschaft nicht zu sorgen. Es ist wie im Mittelalter, als die Priester ihre Weihrauchkessel schwenkten und alle auf die Knie fielen. Wie es im Innern des Paradieses aussieht, interessiert niemanden.

Dürre, Stürme, Überschwemmungen

Laut einem Bericht der UNESCO liegt der Pro-Kopf-Verbrauch von Wasser bei rund 1400 Kubikmetern pro Jahr. Das sind fast 4000 Liter am Tag. Diese Zahlen sind Durchschnittswerte, die in den Industrienationen natürlich überschritten werden. In Europa liegt der durchschnittliche »direkte« Wasserverbrauch durch Trinken, Duschen, Toilettenspülung et cetera pro Kopf und Tag bei etwa 200 Litern. Bezieht man aber zusätzlich das sogenannte virtuelle Wasser ein, das den Verbrauch für die Erzeugung bestimmter Güter und Lebensmittel berücksichtigt, kommt man auf die genannte Zahl von 4000 Litern am Tag. Eine bekannte Beispielrechnung hierfür ist die Tasse Kaffee, für die circa 140 Liter Wasser benötigt werden.

Der Großteil der Wassermengen fließt in der Landwirtschaft, und dort wiederum wird das meiste Wasser für die Herstellung von Tiernahrung für die Massentierhaltung benötigt. Um ein Kilogramm Schweinefleisch zu produzieren, braucht man 10 000 Liter Wasser. Die Vereinten Nationen prognostizieren in ihrer jüngsten Hochrechnung, dass die Weltbevölkerung von derzeit sieben Milliarden Menschen auf über neun Milliarden im Jahr 2050 ansteigen wird. Legt man dabei einen durchschnittlichen westlichen Lebensstil zugrunde, bei dem ein Mensch täglich rund 3000 Kalorien zu sich nimmt, von denen mindestens 20 Prozent aus tierischer Nahrung stammen, stößt man schnell auf ein Problem: Auf den Äckern dieser Welt gibt es nicht genug Wasser, um diese neun Milliarden Menschen zu ernähren. Dabei stimmen laut einem Bericht des Nachrichtenmagazins *Spiegel Online* vom August 2012 die meisten Experten darin überein, dass es durchaus genug Getreideanbauflächen gibt, um neun Milliarden Menschen zu ernähren.

Schon heute spüren wir die Folgen des Klimawandels. Dürren, Stürme und Überschwemmungen richten Jahr für Jahr beträchtliche landwirtschaftliche Schäden an. Dadurch steigen die Getreidepreise. Natürlich schwankten diese Preise im Laufe der Geschichte immer wieder, aber die Ernährung zumindest eines Großteils der Menschheit konnte stets gewährleistet werden, weil neue Ackerflächen erschlossen und alte wirtschaftlicher genutzt wurden. Das werde in Zukunft angesichts des zu erwartenden Wassermangels anders sein, warnen Experten. So prophezeit der Forscherverband Global Footprint Network, dass wir, wenn die Menschheit weiterhin 1,5-mal so viele Ressourcen verbrauche, wie die Erde bereitstelle, im Jahr 2050 drei Erden benötigen würden, um die Weltbevölkerung zu versorgen.

Woher nehmen, wenn nicht stehlen? Die Forscher empfehlen den Einwohnern der reichen Industrienationen, weniger zu essen. Ich denke: Wir müssen nicht unbedingt weniger, wir müssen nur anders essen.

Ein System der Angst

Ich saß in meinem Büro mit dem beeindruckenden Panoramablick und sah aus dem Fenster. Ich sollte einen Mitarbeiter im Qualitätsmanagement rasieren; so nannten wir es intern. Wie würde ich vorgehen? Üblicherweise isolierte ich den Betreffenden, indem ich sein Team dezimierte. Irgendwann nahm ich es ihm ganz weg und stellte ihm Aufgaben, die er allein ausführen musste. Ich machte ihn schlecht bei seinen Kollegen, ich provozierte und schürte Streitigkeiten. Ich gab ihm Aufgaben, die unsinnig waren. Ich gab ihm Aufgaben, die in Arbeitsbereiche anderer hineinreichten. Kam es deswegen zu offenen Auseinandersetzungen, schoss ich ihn ab.

Es gibt viele Methoden, wie man jemanden fertigmachen kann. Man kann einen Mitarbeiter im Kreis laufen lassen, bis er durchdreht. Man kann ihn hart an die Leine nehmen und jede seiner Äußerungen und Entscheidungen hinterfragen. Besonders subtil ist es, zu tun, als stellte man sich vor ihn, und ihn gleichzeitig zu demontieren. Er verliert sein Standing, und das wittern seine Mitarbeiter. Bald werden sie anfangen, gegen ihn zu arbeiten; schließlich wollen sie selbst weiterkommen. Einen Verlierer lässt man fallen, so wie ein Rudel ein krankes Tier zurücklässt. Das sind die üblichen Methoden, ich habe sie nicht erfunden. Am Jahresende gibt es dann ein sogenanntes Zielerreichungsgespräch, und spätestens jetzt schlagen sich Erfolg und Versagen in Zahlen nieder. Hatte ich einen Mitarbeiter angeschlagen und verängstigt am Boden, bot ich ihm eine Abfindung an. Der Mann war vielleicht seit über 20 Jahren im Unternehmen, er hatte alles für die Firma getan, sich aufgerieben, private Opfer gebracht und sich eine sichere Rente erhofft. Nun kam ich und sagte: »Hier hast du ein bisschen Geld. Nimm es und geh, denn in diesem Unternehmen kommst du auf keinen grünen Zweig mehr.«

Es dauerte nie lange, bis einer unterschrieb.

Ging jemand aus der Führungsriege, wurde er im großen Stil verabschiedet, mit 200 Gästen, Büfett, Barbecue, Getränken. Ich hielt eine Rede und hob den verdienten Kollegen in den Olymp, erklärte, wie leid es mir tue, dass wir ihn verlören, bedauerte, dass wir ihn ziehen lassen mussten. Es war grotesk – monatelang hatte ich darauf hingearbeitet, ihn zu demontieren, hatte ihm zugesetzt, bis er wie eine heiße Kartoffel von einem zum nächsten geschoben worden war, und kaum hatte ich vollstreckt, lobte ich den guten Mann in einer lauen Sommernacht über den grünen Klee. Meine Chefs hielten sich die Bäuche vor Lachen. Hinter den Kulissen klatschten wir uns ab. Man beglückwünschte mich.

»Den hast du sauber abgeschossen, gut gemacht, Bredack!«

Ich war ein Held. »Sehr gut, Bredack, wieder zwanzig Leute weniger!«

Manchmal tat mir ein Kollege leid. Und manchmal fragte ich mich, einen kurzen Moment lang, ob mir eines Tages einmal das Gleiche geschehen würde. Ein ungemütliches Gefühl überkam mich. Ich drückte es weg. Stattdessen genoss ich die Anerkennung und war froh, dass der Druck, unter dem ich selbst gestanden hatte, vorbei war. Jahre später, als ich bereits in Russland lebte, traf ich während einer Messe einen ehemaligen Mitarbeiter, den ich rasiert hatte. Er sagte mir offen ins Gesicht, was für ein Arschloch ich gewesen sei. Wie erniedrigt er sich während meiner Abschiedsrede gefühlt habe, wie gedemütigt. Ich konnte nichts erwidern – er hatte recht. Ich hatte meine Vorgaben, wie viel Personal ich abbauen musste – doch menschlich gesehen hatte er recht, ich war ein Arschloch.

In unserer Arbeitswelt ist es normal, ein Arschloch zu sein, so funktioniert das Geschäft. Es gibt in Konzernen keine Ehrlichkeit, nur Scheinheiligkeit. Jeder bekommt eine Funktion, Geld und etwas Macht – und schon steckt man in einer Rolle, aus der man nur wieder herauskommt, wenn man das System verlässt. Wenn man kündigt und aussteigt. Einsparungen, Abfindungen, Kündigungen sind Alltag im Management. Ratzfatz werden 500 Mitarbeiter zu einer Versammlung einberufen, ein Bereichsleiter kündigt neue Strukturen an, erklärt, wer sich künftig wo wiederfindet – und wieder fehlen auf der großen Schautafel zwei Kästchen mit zwei Abteilungen und allen dazugehörigen Angestellten. Sie räumen ihre Büros, geben ihre Schlüssel ab, nehmen ihre Abfindungen – danke, adieu, tschüss und viel Glück.

Ich erinnere mich an eine Vollversammlung, es muss etwa 2005 gewesen sein, in einem Tagungszentrum in Sindelfingen. Alle leitenden Führungskräfte waren eingeladen worden – Fabrikdirektoren, Bereichs- und Vertriebsleiter, Niederlassungs- und Entwicklungsleiter, nur die Topmanagement-Ebene. Auf der Bühne empfing uns Mr Z., wie er intern hieß. Er war damals neu im Amt. Er sagte, es gehe uns schlecht. Er sagte, die Welt sei schlecht. Im Raum saßen 1000 Leute, sie hörten zu, und als der Vorstandsvorsitzende endete, schielte jeder nach seinem Nachbarn, schloss die Augen und zählte bis drei. Bald wäre jeder Dritte in diesen Reihen weg.

Im Saal herrschte Totenstille.

So geht das. Mr Z.s erste Amtshandlungen waren Entlassungen, und er erledigte die ihm gestellte Aufgabe mit Bravour. Später übernahmen Siemens und BMW das Personalabbauprogramm von Mercedes-Benz. Sie alle werden von denselben Firmen beraten – Roland Berger, McKinsey, Boston Consulting Group –, und deren Rezepte gleichen sich:

einsparen, um den Profit zu steigern. Sie zerhacken Ebenen, wenden alles von links nach rechts, schaffen Unsicherheit und Angst und formulieren klare Abbauziele. Die Führungskräfte geben die Härte und Unmenschlichkeit, mit der sie konfrontiert sind, an die Mitarbeiter weiter. Irgendwann herrscht in allen Bereichen ein Klima der Angst. Alle wissen, dass ihre Macht nur geliehen ist und der Konzern sie ihnen jederzeit wieder entziehen kann. Nicht ohne Grund leiden viele Manager unter Depressionen, manche nehmen sich das Leben. Sie bewegen sich in einem Teufelskreis aus Angst und Druck und können sich zudem niemandem anvertrauen, denn wer sich offenbart, zeigt Schwäche, und wer Schwäche zeigt, wird fallen gelassen. Je höher man aufsteigt, desto dünner wird die Luft. Weil ich kollegialen Zusammenhalt vermisste, suchte ich ihn ein paarmal bei meinen Chefs. Das war ein Fehler. Denn auch ein Chef ist nur Teil des Gefüges – verliert er das Vertrauen seiner Chefs, ist man selbst als Nächster dran. So kam es auch. Irgendwann war ich an der Reihe, und jeder, der noch eine Rechnung mit mir offen hatte, schlug ohne Gnade zu, so, wie ich einst zugeschlagen hatte. Als ich ein Burn-out bekam, war ich leichte Beute. Ein anderer hielt die Abschiedsrede und hob mich in den Olymp, und alle hielten sich die Bäuche.

Ich erzähle das nicht, um mit meinem früheren Arbeitgeber abzurechnen. Ich erzähle es, um zu zeigen, in was für einer Welt wir arbeiten. Unsere Arbeitswelt macht uns krank. Ich gebe zu, ich neige zu Extremen, andere Menschen leben ruhiger und ausgeglichener, und es arbeitet auch nicht jeder im Topmanagement eines multinationalen Konzerns. Doch das System der Angst greift bereits auf mittelständische Betriebe über. Druck und permanente Angst regieren auch im Mittelstand, auch dort ist der Mensch des Menschen Wolf.

Geprägt von meinen früheren Erfahrungen, versuche ich heute bei Veganz, ein Wertesystem zu etablieren, das den

Menschen würdigt. Ich möchte ein Arbeitsklima schaffen, in dem es weder Angst noch Lohndumping gibt. Ich begreife den Veganismus als ein lebensbejahendes Prinzip, und mein Handeln soll nicht auf Kosten anderer gehen. Üblicherweise steht in unserer Arbeitswelt der Profit über dem Wohl der Menschen, der Tiere und der Umwelt – mein Ziel ist es, allen Beteiligten die Möglichkeit zu geben, würdig zu leben. Denjenigen, die die Waren anbauen und produzieren, denjenigen, die sie vertreiben, und denjenigen, die sie in unseren Filialen den Kunden in die Einkaufskörbe legen. In der ganzen Kette darf es keine Verlierer geben, das ist der Anspruch, mit dem wir bei Veganz angetreten sind. Ich weiß nicht, ob wir uns damit durchsetzen und Erfolg haben werden. Vielleicht werden wir eines Tages scheitern. Aber dann kann ich sagen: Ich habe es wenigstens versucht.

Der Veganismus ist in seiner Geschichte und bis heute eng mit dem Tierschutz verwoben. Was ich merkwürdig finde ist, dass viele Veganer – wie andere in der Gesellschaft – so oft den Menschen übersehen. Die Verhaltensregeln der Arbeitswelt dominieren auch unser privates Leben, setzen sich bis in unsere Familien und die Erziehung unserer Kinder fort. Überall regieren Angst, Druck und das Bemühen, den eigenen Status zu verteidigen. Überall regiert ein ständiger Wettbewerb, in dem ein jeder unser Gegner ist. Oft treffe ich zwischen Käsetheke und Tiefkühltruhe Mütter, die mit ihren zweijährigen Kindern englisch reden, wenn auch mehr schlecht als recht. Sie trainieren ihre Kleinen, denn die sollen später einmal alle Chancen und möglichst viele Wettbewerbsvorteile haben. Im Grunde zerfleischen wir uns so selbst. Wir sind nicht nur Karnivore, wir werden langsam zu Kannibalen, zu geistigen Kannibalen. Wir zeigen unserer eigenen Spezies gegenüber wenig Mitgefühl. Vieles, was im Argen liegt, nehmen wir kaum noch wahr – Armut, soziale Ungleichheit. Wir nehmen wenig Anteil und greifen nicht ein, wenn nebenan der Nachbar

Frau und Kinder prügelt, wir kümmern uns nicht um die alte, alleinstehende Frau im Haus gegenüber. Wir schließen die Augen und beschäftigen uns lieber mit uns selbst. Wir leben nebeneinanderher, jeder auf seinen eigenen Vorteil bedacht. Nein, den Veganismus auf den Tierschutz und die eigene Gesundheit zu reduzieren, das ist nicht mein Konzept. Ich war lange selbst Teil dieses Systems der Angst, bis ich durch mein Burn-out mein gesamtes Leben infrage stellen musste. Ich bin froh, eine Gegenwelt gefunden zu haben. Und eigentlich bietet der Veganismus alles: Liebe, Achtung und Respekt gegenüber allen Lebewesen sind seine Grundprinzipien. Es wäre schön, wenn diese Werte öfter auch unser Verhalten gegenüber unseren Mitmenschen bestimmen würden.

Wenn ich heute manchmal an jenen Tag zurückdenke, an dem ich in meinem Büro mit dem beeindruckenden Panoramablick saß, aus dem Fenster sah und darüber nachdachte, wie ich den Mitarbeiter aus dem Qualitätsmanagement rasieren würde, dann fällt mir noch ein anderer Kollege ein. Er war etwa doppelt so alt wie ich, Mitte fünfzig. Jeden Morgen begrüßte er den Pförtner. Er ging zu den Putzfrauen, begrüßte sie und redete mit ihnen, brachte ihnen manchmal Eis mit. Ich sah ihm zu und fragte mich, warum er das tat. Heute weiß ich, dass er sich offenbar für diese Menschen interessierte.

Damals habe ich auch ihn rasiert.

Der Hund hat Freunde.
Das Schwein hat Barone

In Deutschland leben 28 Millionen Schweine. Die meisten Menschen bekommen trotzdem selten eines zu Gesicht. Anders ist es bei Hunden – in zehn Millionen deutschen Haushalten lebt ein Hund, schätzt der Verband für das Deutsche Hundewesen, und sie sind in unserem Alltag sehr präsent.

Deutschlands Hunde haben Interessenvertreter, die sich in Verbänden organisieren. Es gibt diverse Internetforen und Zeitschriften über Hunde. Es gibt Friedhöfe, Friseure, Hotels und Pensionen für Hunde, und ein ganzer Industriezweig beschäftigt sich mit der Entwicklung und Produktion von Spielsachen, Kleidung und Accessoires für den Hund von heute. Es fehlt ihm an nichts. Er hat ein langes Leben, und wenn er einmal krank wird, kümmern sich Tierärzte um ihn, er wird in Veterinärkliniken gepflegt, und bei eventuellen kosmetischen Problemen bieten spezielle Schönheitschirurgen Hilfe an. Hunde bekommen Lymphdrainagen und Massagen, Herzschrittmacher oder künstliche Gelenke. Wir führen in unseren Supermärkten inzwischen auch veganes Hundefutter.

Der Hund hat viele Freunde. Und das Schwein?

Das Schwein hat Barone. Sie züchten, mästen und schlachten es. Denn das ist der einzige Daseinszweck, den Schweine in Deutschland haben: Sie machen uns satt. Eine seltsame Ambivalenz – das eine Tier streicheln und hätscheln, das andere mästen und essen wir?

Deutschland und China sind die beiden großen Schweinefleischesser-Nationen dieser Welt, hat Gerhard Polt einmal gesagt. Und die Bilder, die der Tierschützer Jan Peifer immer wieder von seinen Recherchen in Mastställen mitbringt, legen offen, wie die Schweinebarone hierzulande mit ihren Tieren umgehen. Oder sollte ich sagen: mit unseren Tieren? Werden sie nicht für uns geboren, gemästet und getötet? Peifers Dokumentationen und die Recherchen anderer Tierschutzgruppen zeigen, dass eingepferchte Muttersauen, dauerbeleuchtete Ställe, schwache Ferkel, die gleich nach der Geburt getötet werden oder das Schweinehochhaus keine Einzelfälle sind. *Viele Fleischproduzenten halten sich nicht einmal an die von der EU vorgeschriebenen Mindestbedingungen,* schreibt *Spiegel Online* im November 2013. Diese Mindestbedingungen besagen unter anderem, dass einem Schwein ein sogenannter Kastenstand von mindestens zwei Metern Länge und 70 Zentimetern Breite zusteht, außerdem Beschäftigungsmaterial, wozu Ketten oder Spielzeug zählen, und dass die Ställe nachts abgedunkelt werden müssen. »Zollstock-Tierschutz« nennen die Schweinebarone diese Richtlinien. Ihre Umsetzung erfordere in vielen Anlagen teure Umbauten, argumentieren sie, jeder fünfte Züchter habe seit Anfang 2013 aufgegeben. Gut so, kann ich nur sagen. Der Zentralverband der Deutschen Schweineproduktion gehe, laut *Spiegel,* davon aus, dass sich alle Züchter an die neuen Regeln hielten. Das Bundeswirtschaftsministerium ist ähnlicher Meinung. Allerdings wurden, so das Nachrichtenmagazin, im Jahr 2012 in Sachsen-Anhalt von 4251 kontrollpflichtigen schweinehaltenden Betrieben nur insgesamt 262 kontrolliert.

Drehen wir den Grillspieß doch einmal um. Stellen Sie sich für einen Moment vor, Ihr Hund würde in einem Gitterstall leben, in dem er sich weder ausstrecken noch aufrecht stehen kann. Ihre Hündin müsste so viele Welpen werfen wie möglich, mehr, als sie Zitzen für sie hat. Die kleinsten und schwächsten Welpen würden nach der Geburt aussortiert und auf den Misthaufen geworfen, wo sie verhungern oder von Ratten gefressen werden würden. Den starken männlichen Welpen würde man, ohne Betäubung, die Hoden abschneiden und Schwänze und Ohren kupieren. Man würde sie zusammenpferchen und mit geschrotetem Tiermehl mästen, und weil sie sich nicht bewegen könnten, wären sie bald fett. Vorbeugend würde man sie mit Antibiotika vollpumpen, damit sie nicht krank würden. Schließlich würde man die Hunde – Ihren Hund – mit Hunderten anderer in einen Lkw treiben und in die Schlachterei bringen, wo alle zu Wurst, Hackfleisch und Schnitzeln verarbeitet würden.

Sie sagen, ein Hundeschnitzel würde Ihnen nicht schmecken?

Aber Hundefleisch ist nicht minderwertiger als Schweinefleisch. Liegt es vielleicht am Namen? Dann nennen wir den Hundskrustenbraten eben *rôti de chien*. Ansonsten gäbe es noch Wiener Saftgulasch vom Hochland-Rottweiler an Serviettenknödeln, Rauhaardackelterrine, Cordon bleu vom Pudel an Kohlrabi-Julienne, Filet vom Argentinischen Pitbull oder Jungschäferhund-Steak, wahlweise *raw, medium* oder *well done ...*

Diese Zuspitzung und Umkehrung macht deutlich, was wir tun, finde ich. Wir gehorchen blind einer gesellschaftlichen Konvention, nach der wir zehn Millionen Hunde lieben und hätscheln und 28 Millionen Schweine töten und essen. Warum lieben wir nicht alle Tiere – und lassen sie alle leben?

Einen Tick links rüberziehen – und alles ist vorbei

Ein Burn-out entwickelt sich langsam, und dass ich unter einem litt, merkte ich selbst zuletzt. Irgendwann fiel mir auf, dass mein Umfeld anders auf mich reagierte. Dass Kollegen mich mieden, die eben noch meine Nähe gesucht hatten. Dass Kollegen anfingen, mich anzugreifen, die mir gestern noch mit Respekt begegnet waren. Dass man mir Aufgaben und Projekte übertrug, die sofort torpediert wurden und niemals gelingen konnten. So hatte ich selbst Mitarbeiter behandelt – wenn ich sie rasierte.

Ich war immer davon besessen gewesen, der Beste zu sein, ich hatte immer versucht, meine Mankos durch extreme Leistung zu kompensieren. Nun, zum ersten Mal in meinem Leben, schwächelte ich. Anfangs strengte ich mich an und versuchte, noch mehr Leistung zu bringen. Ich verbrachte Tag und Nacht im Büro, Samstage und Sonntage, machte Präsentationen für Mr Z., schlief am frühen Morgen zwei Stunden auf dem Stuhl und arbeitete weiter. Doch ich brauchte Stunden, um eine einzige E-Mail zu schreiben. Ich saß am Schreibtisch und starrte Löcher in die Luft. Ich sah einer Fliege zu, eine Ewigkeit lang … Ich merkte nicht, wie ich innerlich resignierte. Ein Teil meines Hirns sagte mir: Du bist der große Zampano. Ein anderer Teil sagte: Du bist ein Versager, bringst es nicht mehr.

Irgendwann ging ich nicht mehr in die Firma. Ich blieb im Bett liegen oder fuhr mit dem Auto durch die Gegend. Ich fuhr an den Gardasee, ohne zu wissen, was ich dort wollte. Als ich ankam, kehrte ich um und fuhr wieder zurück. Die jährlichen Events mit Händlern in Dubai oder New York, bei denen ich als Gastgeber auftreten sollte, sagte ich ab. Ich dachte: Ich werde hier in der Zentrale gebraucht, sonst fliegt der Laden auseinander, ohne mich geht hier nichts. Und sah wieder der Fliege zu ... Ich wollte Erfolge produzieren, mein angeschlagenes Ich wieder aufrichten – und erstarrte immer mehr.

Ab und zu ging ich joggen, lief 30 Kilometer oder fuhr 200 Kilometer mit dem Rad, einfach so, ohne Ziel. Ich rannte und fuhr, trank eine Apfelschorle und fuhr und rannte zurück. Ich rannte um mein Leben. Physisch war ich fit, doch ich magerte ab, meine Wangen fielen ein. Das Schlimmste war, dass ich mit niemandem reden konnte. Irgendwann bekam ich Angst. Und begriff: Jetzt bist du dran. Ich hatte eine Grenze erreicht – mehr Leistung ging nicht. Ich war am Ende. Das Rückgrat meines Lebens brach weg, und ich hatte keine Freunde und keine Familie, die mich auffingen.

Ich fiel ins Bodenlose.

Ich bin kein Einzelfall. Manche landen in dieser Situation in der Klapse. Manche fahren mit 250 Stundenkilometern gegen einen Betonpfeiler. Ich war selbst oft auf der Autobahn unterwegs und dachte: Du brauchst nur einen Tick links rüberzuziehen – und alles ist vorbei. Daimler war oft in der Presse, weil sich Mitarbeiter umbrachten. Ich wäre weder der Erste noch der Letzte gewesen.

Schließlich kam der Tag, an dem ich mich mit meinen Führungskräften und Coaches in Potsdam traf. Ein Meeting zur Teamentwicklung, ich war Gastgeber – und kam zwei Stunden zu spät. Ich glaube, in den ersten Stunden habe ich noch ab und zu etwas gesagt. Später, nach der Einführungsrunde, kamen zwei der Coaches auf mich zu; zwei Psycho-Onkel, wie ich sie nannte. Sie sagten: »Wir müssen mit Ihnen reden.«

Da wusste ich es.

Nett und freundlich erkundigten sie sich, wie es mir gehe, wie es im Job laufe. Ich fand ihre Fragerei hinterfotzig. Nach einer halben Stunde sagte einer der beiden: »Sie sehen nicht gut aus.«

»Sie brauchen eine Pause«, fügte der andere hinzu. »Wir werden mit Ihren Chefs reden.«

Das war mein Todesstoß.

Die Diagnose lautete Burn-out. Man verschrieb mir mehrere Sitzungen, und ich ging auch brav hin. Irgendwie konnte ich mich sogar hinter dem Ganzen verstecken: Ich war ja krank. Der Konzern zeigte sich fürsorglich, man entlastete mich und übernahm die Kosten meiner Behandlung. Doch das war nur die Ouvertüre eines Rituals, das mich zum Abschuss freigab.

Ich war jetzt Freiwild.

Eine Weile ging ich noch zu diesem oder jenem Meeting. Die Kollegen nahmen mich nicht mehr ernst. Ich arbeitete noch, aber ich war ein Minderleister. Mein Nachfolger stand längst fest, es ging nur noch darum, wie man mich endgültig loswurde. Man bot mir an, Geschäftsführer eines kleinen Autohauses zu werden. Man bot mir an, eine unbedeutende Funktion in Rumänien zu übernehmen. So ging es ungefähr sechs Monate, und je länger es dauerte, desto unerträglicher wurde es. Ich fühlte mich gedemütigt und erniedrigt, und irgendwann war ich so weit, den Konzern von mir aus zu verlassen. Da bekam ich das Angebot, nach Moskau zu gehen.

Nach Moskau hatte ich schon immer gewollt.

III.
Lieber Gott, wie groß ist dein Tierreich?
Eine vegane Zukunftsvision

Der große Tag

Am 23. Juli 2011 eröffnete ich Deutschlands ersten veganen Supermarkt Veganz, im Ökohaus in der Schivelbeiner Straße in Berlin. In den Wochen davor ging die Nachricht wie ein Lauffeuer durch die vegane Szene, und jeden Tag kamen körbeweise Bewerbungen. Ich lud die Leute zu Vorstellungsgesprächen in eine vegane Fast-Food-Bude ein. Ich traf verarmte Studenten und in Berlin gestrandete Glückssucher, einen Tierpfleger, der als Veganer seinen Job im Tierversuchslabor hatte aufgeben müssen, und eine Reformhausmitarbeiterin mit Burn-out, eine Frau, die in ihrer Freizeit gerne backte, und eine tablettenabhängige und von ihrem Mann verlassene Amerikanerin ohne Aufenthaltsgenehmigung. Je dramatischer die Lebensgeschichte, desto größer meine Bereitschaft, dem- oder derjenigen eine Chance zu geben. Ich hatte keine Ahnung vom Einzelhandel, und meine Mitarbeiter – es waren schnell über 20 – auch nicht. Etwas zugespitzt könnte ich sagen: Wir hatten uns alle lieb, aber das war's auch schon. Ich traf Personalentscheidungen, die mir noch zu schaffen machen sollten.

Jeden Tag übten wir, die Kaffeemaschine zu bedienen, und probierten die neuen Kassen aus. Wir machten Produktschulungen und backten veganen Kuchen. Es war ein bisschen wie bei *Jugend forscht*. Doch die Stimmung war euphorisch, und alle fieberten dem großen Tag der Eröffnung entgegen. In Moskau beziehungsweise Naberezhny Chelny hatte ich in dieser Zeit Urlaub genommen; ich glaubte ja immer noch, beide Jobs parallel machen zu können.

Am Morgen des großen Tages kamen noch Container voller Ware, und wir sortierten sie in die Regale und druckten Preisetiketten aus, während draußen die Ersten durch die Schaufenster spähten. Es ging Spitz auf Knopf, und kurzerhand engagierte ich noch zehn Leute von der Straße. Um Viertel vor neun wusch ich mir die Hände. Noch immer standen überall Paletten herum. Ich hatte gerade einmal zwei Stunden geschlafen. Doch dank veganer Power war ich voller Energie.

Draußen vor dem Laden hatte sich inzwischen eine Menschentraube gebildet. Zum Glück hatten wir einen Sicherheitsdienst engagiert. Wir bauten Stehtische auf dem Bürgersteig auf und servierten Knabberzeug und alkoholfreien Sekt. Als ich Punkt neun die Tür öffnete, stürmten die Leute in den Laden, als würde ein Apple Store eröffnet. Wir waren überwältigt. Mit so einem Andrang hatten wir nicht gerechnet. Offenbar hatten die Kunden regelrecht auf einen veganen Supermarkt gewartet.

Den ganzen Tag über herrschte eine Stimmung wie bei einem Happening. An den Kassen wurde gestöhnt – oh, ohh! –, kaum ein Artikel ließ sich problemlos einscannen. Eigentlich ging so gut wie gar nichts ohne Probleme, trotzdem waren alle bester Laune. Die Kunden warteten geduldig, viele hatten Blumen mitgebracht und Geschenke zur Eröffnung. Sogar ein paar Daimler-Mitarbeiter sah ich zwischen den Regalen. Alle lobten uns, uns schlug eine solche Welle der Begeisterung entgegen, wir waren richtig glücklich. Am Abend wateten wir knöcheltief in 1200 Kassenbons. Die Monate, in denen ich Tag und Nacht gearbeitet hatte – sie hatten sich gelohnt.

Auch in den Tagen nach der Eröffnung rannte man uns den Laden ein. Es kamen vier bis fünf Mal so viele Kunden, wie ich kalkuliert hatte! Doch wir hatten auch jede Menge Probleme: Aus England kam verschimmelte Ware, an den

Regalen klebten falsche Preisschilder, Zahlungen der Bank gingen nicht pünktlich ein, dafür stand die Lebensmittelaufsicht vor der Tür. Es war, als hätte ich einen Zug ins Rollen gebracht, den ich nun als Zugführer auch steuern musste. Ich war 24 Stunden am Tag beschäftigt und merkte, dass ich gar nicht mehr nach Moskau und zu Daimler zurückkehren wollte. Quasi über Nacht hatte ich ein neues Leben, eine völlig neue Existenz.

Im Shitstorm

Es gibt eine Bewegung unter Veganern und Vegetariern, die sich in der Tradition der Blut- und Bodenideologie als Heimat- und Tierschutzorganisation versteht. Es gibt viele gute Gründe, vegan zu leben – rechte Ideologien braucht man dafür nicht zu bemühen, und von Leuten, die Tierschutz mit krudem sogenannten Heimatschutz verquicken, das eine zum Nutzen des anderen instrumentalisieren, grenze ich mich klar ab.

Ich bin kein politischer Mensch. Doch es gibt im veganen Kosmos sehr unterschiedliche Strömungen, auch politische von links bis rechts. In der linken Szene wurde der Tierschutz in den 1970er-Jahren zum Thema, im Zuge der Anti-AKW-Bewegung. Damals gab es erste Proteste gegen die Massentierhaltung. In den 1990er-Jahren verband man Veganismus oft mit Esoterik. In dieser Szene tummelten sich viele unterschiedliche Gruppierungen, darunter auch solche, die sich auf die Blut-und-Boden-Ideologie der Nazis beriefen. Etwas später entstand eine sogenannte Anti-Nationale Bewegung, die wiederum gegen Blut und Boden war und deswegen zum Teil sogar absichtlich Fleisch aß. Manche Strömungen erscheinen mir recht wirr in ihren Vorstellungen und Konzepten.

Im Alltag nehme ich die braunen Typen nicht wahr. Aber ich begegne oft Vertretern der linken Szene. Hier gibt es Gruppierungen, in denen der Veganismus sehr tief verankert ist. Man nutzt die vegane Idee wohl auch als Vehikel, um sich gegen gesellschaftliche Missstände zu wehren. *Veganismus*

bleibt im Untergrund, heißt es oft in Flyern oder auf Kundgebungen – man will nicht, dass der Veganismus kommerzia-
lisiert wird. Für diese Leute, ich habe es schon gesagt, bin ich
der Feind. Einige lösen sich bereits wieder vom Veganismus,
mit der Begründung, er habe den Mainstream erreicht. Solche Leute verstehen sich als antikapitalistisch, antiimperialis-
tisch, antifaschistisch – einfach: anti. Unser Grundsatz bei
Veganz dagegen heißt: mit. Wir sind nicht gegen etwas – wir
sind für etwas.

»Nur gegen eine Sache sind wir«, sagen meine Angestellten, wenn ich das zu sehr betone. »Wir sind gegen braune
Esoterik und gegen Tierschutz als Heimatschutz. Wir sind
gegen Nazis.«

Gut, gegen Nazis bin ich auch.

Ein Beispiel für die Radikalität mancher Strömungen in
der veganen Szene und ein Ereignis, das mir ziemlich nahe-
ging, war eine Veranstaltung, die wir mit dem Publizisten
Ruediger Dahlke gemacht haben. Neben dem Supermarkt
und dem Bistro gibt es nämlich inzwischen noch einen dritten Zweig: Extra Veganz. Dort organisieren wir Veranstaltungen, Diskussionen und Vorträge über Philosophie oder Tierschutz, Kochseminare oder Lesungen. Ruediger Dahlke ist
Arzt und Bestsellerautor, er betreibt ein Heilzentrum in Ös-
terreich und schreibt Bücher, seit einigen Jahren setzt er sich
auch massiv für den Veganismus ein. Viel mehr wusste ich
anfangs nicht über ihn. Dahlke ist gebürtiger Berliner und
wollte bei uns seine Bücher *Peace Food* – ein veganes Kochbuch – und *Seeleninfarkt* – ein Buch über Burn-out – vorstellen. Während der Vorbereitung der Veranstaltung schlug uns
eine ungeheure Welle des Protestes entgegen. Knapp 100 000
Leute lasen die Ankündigung auf unserer Website, auf Facebook war der Post der am häufigsten gelesene, den wir je hatten. Dahlke sei ein Quacksalber und Esoteriker, hieß es in den
Protestmails, ein Populärwissenschaftler, der Theorien ent-

gegen gängigen Schulmeinungen vertrete, und ihm wurde vorgeworfen, dass er sich mit der neuen germanischen Medizin nach Dr. Hamer, einem obskuren Krebsheiler, auseinandersetze. Wenn wir diesen Mann einlüden, würden wir dem Veganismus schaden, weil dieser in eine obskure Ecke gedrängt würde. Außerdem würden wir, weil man Dahlke nicht ernst nehmen könne, selbst unglaubwürdig. Manche Schreiber unterstellten uns gleich selbst rechte Ambitionen.

Der Shitstorm überraschte mich. Und er überforderte mich. Als man uns auch noch vorwarf, einen Scharlatan einzuladen, der einen gefälschten Doktortitel trage (woraufhin Dahlke uns eine Kopie seiner Approbationsurkunde schickte, die den Doktortitel belegte), fragte ich mich, wie es sein konnte, dass eine simple Lesung eine solche Flut an Vorwürfen und Beschimpfungen auslöste, die am Ende sogar Veganz als Marke gefährlich werden konnten. Die Radikalität, mit der hier vorgegangen wurde, zeigte aber, wo der Kern des Problems lag. Menschen, die vorgaben, sich für den Tierschutz zu engagieren, die sich aus einer eigentlich pazifistischen Grundhaltung heraus gegen das Schlachten von Tieren einsetzten, waren bereit, in diesem Kampf ihren Gegnern die Köpfe einzuschlagen. Dieser Widerspruch begegnet mir häufig – wer nicht für das Wohl der Tiere ist, dem hauen wir in die Fresse! Dem schmeißen wir die Fensterscheiben ein, dessen Mitarbeiter bedrohen wir.

Und das soll vegan sein?

Mit meiner Auffassung von Veganismus hat dieses Verhalten nichts zu tun. In unseren Läden sind auch Kunden willkommen, die Lederhandschuhe oder eine Pelzmütze tragen. Oder die eine Einkaufstüte bei sich haben, in der Fleisch ist. Es gibt nämlich andere vegane Geschäfte und Restaurants, die hängen Zettel an ihre Türen: *Pelzträger haben hier keinen Zutritt.* Wir bei Veganz grenzen nicht aus. Ich bin gegen jegliche Form von Ausgrenzung, Gewalt und Gewaltpropaganda.

Mit einem Inhaber eines solchen *Pelzträger haben hier keinen Zutritt*-Restaurants habe ich schon oft gestritten, denn wenn wir ausgrenzen, werden wir nicht weit kommen. Wenn wir die vegane Lebensweise verbreiten wollen, funktioniert das nur über Offenheit. Menschen entwickeln sich, sie machen Erfahrungen, gewinnen neue Erkenntnisse und Einsichten. Niemand wird als Veganer geboren. Ich selbst habe 35 Jahre lang ohne schlechtes Gewissen Fleisch gegessen. Der Großteil der Bevölkerung tut das nach wie vor. Mit Gewalt ändern wir daran gar nichts.

Viele Veganer kommen auch aus der alten und neuen Punkszene. Sie grenzen sich unter anderem durch Tattoos vom Mainstream ab – die Vegan-Blume, das Logo der Vegan Society, das Wort *vegan* oder eine *269;* dieses Branding ist ein Zeichen der Animal-Rights-Bewegung und geht zurück auf ein dort berühmt gewordenes israelisches Kalb, das diese Nummer trug, bevor es starb. Manchmal sperren sie sich nackt in Käfige und vergleichen die Tierindustrie mit dem Holocaust. Solche Aktionen polarisieren sehr stark und schrecken viele Menschen ab.

Auch wenn ich mit einigen Strömungen und Gruppierungen immer wieder in Konflikt gerate, weil ich ihre Ideale nicht teile – ein Brokkolisüppchen oder ein Chia-Dessert hätte ich immer für sie.

Aufgrund des Proteststurms gegen die Veranstaltung mit Ruediger Dahlke wurden selbst meine Mitarbeiter skeptisch und zweifelten. Außerdem lagen uns gerade einmal 50 Anmeldungen vor – für einen Saal, der 400 Gäste fasste. Ich begründete meine Absage schließlich wirtschaftlich. Dahlke war darüber wenig erbaut. In jeder Stadt renne man ihm die Bude ein – und ausgerechnet in Berlin kriegten wir es nicht hin, eine Veranstaltung mit ihm zu organisieren? Wir bekamen uns ordentlich in die Haare. Mit zweien seiner Mitarbeiter überlegten wir schließlich, wie wir die Veranstaltung doch noch retten konnten. Im Netz posteten wir Stellungnahmen und Richtigstellungen. Wir mieteten einen kleineren Saal an, reduzierten die Eintrittspreise, schalteten Werbung in Zeitungen und lancierten eine Plakataktion. Das Ganze war recht verkrampft. Doch am Ende kamen 200 Besucher, und es wurde eine tolle Veranstaltung. Es gab eine angeregte, aber faire Diskussion, ein leckeres veganes Catering, und die Gäste waren zufrieden.

Ruediger Dahlke, so mein Fazit, ist ein Geschäftsmann. Ein Arzt, der Bücher verkauft. Ob seine Theorien wirklich so schräg sind, wie manch einer behauptet, kann ich nicht beurteilen. Er propagiert unter anderem Akupunktur und Homöopathie – allein dazu bekamen wir Tausende Protestmails, die vehement erklärten, diese beiden Praktiken seien Müll. Ich selbst verorte ihn weder in der Esoterik – noch in der rechten Szene. Sein Kochbuch *Peace Food* finde ich nicht schlecht; wir verkaufen es in unseren Läden. Was ich aber gelernt habe bei dieser Veranstaltung: Man kann sich wirklich über alles streiten. Wir haben es heute in unserer modernen Welt mit einer solchen Vielzahl unterschiedlicher Weltanschauungen zu tun – und einige sind, wie die, die sie vertreten, verdammt radikal.

Straight Edger und Mainstream

Es werden immer mehr – doch wer sind eigentlich all diese neuen Veganer? Neben besagten politisch orientierten Fraktionen gibt es andere Gruppierungen, die vollkommen unpolitisch sind. Ihre Motive entspringen eher einem persönlichen Schicksal oder einem Zeitgeist, der geprägt ist von bewusstem Leben, Gesundheit und Körperkult.

Attila Hildmann beispielsweise ist ein Berliner Kochbuchautor, dessen vegane Rezeptsammlungen Bestseller sind. »30-Tage-Challenge« nennt er seine Diät, mit der man allein durch eine Umstellung der Essgewohnheiten abnimmt – innerhalb von 30 Tagen, mit 30 leckeren veganen Gerichten. Hildmann löste damit einen regelrechten Hype aus. In den Veganz-Supermärkten verkaufen wir seine Bücher – und die Zutaten für seine Rezepte gehen weg wie warme Semmeln. Seine Fans interessieren sich weniger für Tierschutz und Politik als für ihren Körper. Die Attila-Hildmann-Fraktion isst vegan, weil sie schlank und fit sein will. Hildmann verspricht ihnen ein neues Körpergefühl und erzählt, wie er selbst vom Moppel-Ich zum Vorzeigeveganer wurde, indem er sämtliche tierischen Produkte aus seinem Speiseplan verbannte. Auf dem Cover einer seiner Bücher steht er mit ausgebreiteten, sehr muskulösen Armen da – und scheint geradezu über die Dächer Berlins zu fliegen. Er bedient einen Körperkult und spricht damit junge Mädchen an, die sich zu dick fühlen, ältere Herren, die gern jünger und vitaler wären, und was weiß ich wen noch. Man könnte auch sagen, es handle sich bei seiner 30-Tage-Challenge um eine Art aufgepeppte *Brigitte*-Diät. Doch das greift zu kurz, finde ich. Wer sich darauf einlässt, muss planen, viele Zutaten besorgen und jeden Tag frisches Gemüse und Obst einkaufen. Es gibt Stufe-Eins- und Stufe-Zwei-Gerichte, und wer mehr abnehmen möchte, darf ab 16 Uhr nur noch ganz bestimmte Gerichte zu sich nehmen; wobei die Erkenntnis, dass abnimmt, wer abends wenig isst, natürlich nicht neu ist. Wer alles richtig macht, nimmt tatsächlich ab. Attila Hildmann verkauft also keine Lüge. Ich halte ihn sogar für einen der größten Motivatoren und Trendsetter, die es in diesem Bereich gibt. Ich finde ihn gut, weil er nicht nur ausschließlich die Veganer und Vegetarier anspricht, sondern die breite Masse. Das ist vielleicht der stärkste Anstoß, den der Veganismus in Deutschland bislang erlebt hat. Im Laden sehe ich, wie die jüngere Generation das Buch ihren Eltern schenkt und ältere Leute sich inspirieren lassen. Wie Hildmann fangen sie an, Avocados und Rote Beete zu mixen, kombinieren Früchte und Gemüse auf wildeste Weise. Alle seine Gerichte sind einfach zuzubereiten, selbst Kochidioten wie ich können sie nachkochen. Eine meiner Mitarbeiterinnen schwört auf das Rezept für Sauce Bolognese aus reinem Naturtofu. Sie hat es für ihre Familie nachgekocht. Alle waren begeistert. Sie seien jetzt Vegantarier, sagen sie, ein Wort, das sie selbst erfunden haben. Es besagt: Zu Hause essen wir vegan, unterwegs gibt's auch mal Milchprodukte.

Die Attila-Hildmann-Anhänger sind Gesundesser; böse Zungen nennen sie auch »Besseressis«. Ich empfinde ihren Körperkult als sehr stark egozentrisch – ich seh gut aus, ich fühl mich gut! Dagegen ist aber nichts einzuwenden. Hildmann vermarktet sich gut mit seinem Waschbrettbauch. Er polarisiert und provoziert. Er lässt sich in keine Schublade stecken. Gelegentlich erklärt er sogar, er sei Antiveganer und gegen die Ökoterroristen. Die Käufer seiner Bücher sind in der Mehrzahl keine Veganer – aber sie kommen so mit dem Thema in Berührung.

Eine andere Gruppe sind Menschen, die einen Herzinfarkt hatten, einen Schlaganfall oder Krebs, die durch eine schwere Krankheit für das Thema gesunde Ernährung sensibilisiert wurden. Sie werden nicht zwangsläufig Veganer, aber sie suchen nach Alternativen in ihrem Speiseplan. Manchen wurde von ihrem Arzt geraten, auf Cholesterin zu verzichten. In unseren Läden packen sie sich den Einkaufskorb voll mit cholesterinfreien Lebensmitteln. Vor einigen Wochen kam ich von einer Reise zurück und holte mir im Laden etwas zu essen. Eine Frau sprach mich an. »Könnten Sie mir helfen?«

»Selbstverständlich«, sagte ich – und im nächsten Augenblick brach sie in Tränen aus. Am Tag zuvor hatte ihr Arzt ihr eröffnet, dass sie unter schwerer Arthrose litt. Er hatte ihr eine Liste mitgegeben, auf der stand, welche Inhaltsstoffe in Lebensmitteln sie künftig meiden sollte: Fruktose, Laktose, Gluten, Zucker und noch ein paar andere.

»Was kann ich denn da noch essen? Das ist doch kein Leben mehr.« Die Frau war wirklich verzweifelt. Ich nahm sie beiseite, und gemeinsam stellten wir ihr einen Warenkorb zusammen. Ich zeigte ihr Produkte, die sie bedenkenlos essen konnte, zeigte ihr, womit sie künftig backen konnte, welches Eis sie essen durfte, welche Käsesorten gut für sie waren, welcher Wurst- und Fleischersatz und welche Nudeln. Ich gab ihr Lebensmittel, bei denen sie vollkommen sicher sein konnte, dass sie ihre Krankheit nicht verschlimmern würden (was zum Beispiel bei Fruktose als Inhaltsstoff gar nicht so einfach ist). Die Dame strahlte. Als sie zur Kasse ging, wirkte sie ruhig, fast glücklich.

Es gibt schwere und tragische Krankheiten, und natürlich können wir nicht immer helfen. Doch die Speisepläne der meisten Menschen können wir enorm anreichern. Darüber freuen sich die Betroffenen, und das wiederum freut und motiviert mich. Die Hauptverursacher unserer Zivilisationskrankheiten sind Milch, Weizen und Weißzucker. Zu diesen

Produkten gibt es jedoch viele gesunde vegane Alternativen. Meine Mitarbeiter und ich, die wir alle seit Jahren vegan leben, haben keine Verdauungsprobleme, keinen Diabetes, keine Hautkrankheiten. Natürlich werden wir auch mal krank, aber ich selbst hatte seit fünf Jahren keine einzige Erkältung mehr. Eine Kollegin leidet nicht mehr unter Migräne, seit sie vegan lebt. Eine andere sagt, sie wisse gar nicht mehr, wie es sei, krank zu sein.

Diese Gruppe der Neuveganer oder mit dem Veganismus experimentierenden Menschen ist groß. Oft sind es ältere Leute. Doch seit einer Weile fällt mir auf, dass sie, wenn sie bei uns einkaufen, immer häufiger ihre Enkelkinder mitbringen.

Eine weitere Gruppe sind die Allergiker. Wobei man auch auf Pflanzen allergisch reagieren kann, es gibt beispielsweise eine Menge Sojaallergiker. Doch wir haben viele Produkte im Sortiment, die kein Soja enthalten, auch hier achten wir darauf, Alternativen anzubieten. Genauso bieten wir nussfreie Produkte für Nussallergiker an. Wir versuchen, für jeden Bedarf passende Lebensmittel zu finden, denn für viele Leute, die mit Allergien zu tun haben, gibt es fast immer Alternativen zu ihren herkömmlichen Lebensmitteln. Natürlich muss jeder Kunde selbst herausfinden, was ihm gut schmeckt und bekommt und was nicht. Ich möchte hier nicht wie ein Verkäufer klingen, der seine Waren partout an den Mann und die Frau bringen will. Ehrlich gesagt, wäre ich sogar froh, wenn es mehr Anbieter auf dem Markt gäbe. Konkurrenz belebt das Geschäft. Außerdem sehe ich mein Heil schon lange nicht mehr darin, reich zu werden.

Menschen mit Drogenerfahrungen – im eigenen Leben oder im Familien- oder Freundeskreis – wenden sich ebenfalls verstärkt dem Veganismus zu. Diese Bewegung nennt sich

»Straight Edger«, und sie lehnt Suchtmittel entschieden ab: Alkohol, Zigaretten, Drogen, Koffein, manchmal auch Sex (zumindest Sex außerhalb monogamer Beziehungen). Jede Form von Exzess ist verpönt. Die Straight Edger haben ihren Ursprung in der Hardcore-Punk-Szene und sind heute eine regelrechte Jugendbewegung. Ihre Vertreter lassen sich oft ein X auf den Handrücken tätowieren, was auf das Kreuz zurückgeht, das man Jugendlichen Ende der 1970er- und Anfang der 1980er-Jahre in Los Angeles auf die Hand malte, damit ihnen bei Konzerten oder in Bars kein Alkohol ausgeschenkt wurde.

Eines Tages schrieb die alternative Zeitung *CO₂* über unseren ersten Supermarkt am Prenzlauer Berg: *Kennste nich? Straight Edge? Kein Sex, kein Alkohol, keine Zigaretten, keine Drogen, kein Fleisch. Es klingt wie das Schlüsselwort zur wundersamen Wandlung des Arnimplatzes. Vor Jahren fest in der Hand der Pegel-Trinker, mausert sich der Platz zum Herzland des Prenzlauer Berges.* Ich bekenne, ich bin auch ein Straight Edger. Ich wusste bis vor Kurzem nicht, dass es so eine Fraktion gibt – aber ich lebe nach ihren Prinzipien. Ich trinke nicht, ich esse kein Fleisch, nehme keine Drogen und rauche nicht. Sex? Klammern wir aus.

Und schließlich ist da noch eine Gruppierung, die man allein aus ökonomischen Gründen nicht ignorieren sollte. Wohlhabende Leute vom Prenzlauer Berg und aus anderen Berliner Stadtteilen, aus Hamburg oder Frankfurt kaufen gern bei Veganz ein, weil wir Dinge führen, die sie sich gern gönnen. Sonnengereifte Tropenfrüchte beispielsweise. Oder Bio-Kokosmus von Dr. Goerg. Sogenannte Premiumprodukte, kostspielige Lebensmittel, die etwas Besonderes sind. Diese Kunden sind eher Trüffelschweine, die heute bei uns und morgen in der Delikatessabteilung des KaDeWe nach feinen Dingen suchen.

Ist Fleischkonsum heute noch zu verantworten? Eine Einladung der deutschen Geflügelindustrie

Im Sommer 2013 bekam ich eine Einladung vom Zentralverband der Deutschen Geflügelwirtschaft. In der Akademie der Künste am Pariser Platz wollte man in einem Zukunftsdialog der Frage nachgehen, ob Fleischkonsum heute noch zu verantworten sei. Ich grinste und las weiter. *Die Gesellschaft befindet sich im Wandel – Verantwortung für das eigene Handeln steht mehr denn je im Mittelpunkt. Eine Entwicklung, die sich auch in der Konsumwelt verfolgen lässt: Waren bisher meist Geschmack und Preis das Maß der Dinge, so hinterfragen die Verbraucher nun zunehmend die Entstehung von Lebensmitteln und beziehen dies in den Kaufentscheid mit ein. Im Kontext des ethischen Konsums gilt die moderne Nutztierhaltung als ein besonders sensibles Thema, das vielerorts kontrovers diskutiert wird ...*
Bingo, dachte ich, da gehe ich hin!

Es war ein heißer Tag im Juni, und der erste Redner des Abends kam gerade aus den Hochwassergebieten an der Elbe. Er schwärmte vom Duft der Fleischgrills, an denen sich die Helfer versammelten, nachdem sie mit vereinten Kräften Sandsäcke aufgeschichtet hatten. Der Moderator, Stefan Schulze-Hausmann, Initiator des Deutschen Nachhaltigkeitspreises und bekannt aus der Sendung *nano* auf 3sat, machte eine kurze Bemerkung und leitete über zu dem Philosophen und Publizisten Richard David Precht, der Vegetarier ist und den Impulsvortrag hielt.

Precht betrat die Bühne. Er lächelte, war unrasiert und sah umwerfend aus. Er versprach einen Parforceritt, und tatsächlich redete er ohne Punkt, Komma und Skript, in einer derart geschliffenen Sprache, die hier wiederzugeben ich nicht imstande bin. Sinngemäß und stümperhaft verkürzt sagte er Folgendes: Es gibt zwei Kategorien von Tieren. Die eine glaubt, dass es zwei Kategorien von Tieren gibt, und die andere ist die Leidtragende dieser Unterscheidung. Die eine Kategorie geht davon aus, dass sie etwas kann, was die andere nicht kann. Man ahnte, worauf der Mann hinauswollte. Und im nächsten Moment kam er auch schon auf die Fähigkeit zur Moral zu sprechen. »Wir sind die einzigen Tiere, die nicht nur ein Wollen verspüren, sondern auch ein Sollen.« Es folgte ein philosophischer Ausflug durch die Geschichte des Umgangs des Menschen mit dem Tier. Dabei betonte Precht, dass die Diskussion, die wir heute über den Umgang mit Tieren führten, erst im 19. Jahrhundert entstanden sei. »Philosophen haben sich vergleichsweise wenig Gedanken über Tiere gemacht.« Hätte er seinen Vortrag über die Frage, ob man Tiere essen dürfe, vor 150 Jahren gehalten – alle hätten nur den Kopf geschüttelt. Auch wenn er ihn morgen in Grönland vor einer Hundertschaft Inuit hielte, würde man ihn auslachen. Die Inuit würden kontern: Wovon sollen wir uns ernähren, wenn nicht von Walen und Robben? »Aber heute sind wir nicht mehr gezwungen, Fleisch zu essen«, erklärte Precht. Man habe die Emanzipation der Frauen erlebt, erlebe gerade die Emanzipation der Kinder, und in den 1970er-Jahren habe auch die Emanzipation der Tiere begonnen; wie diese Emanzipation ablief, das habe ich allerdings nicht richtig verstanden. In 30 Jahren, prophezeite Precht, würden wir vor unseren Kindern stehen, die uns fragten: Warum habt ihr Tiere gegessen? Warum habt ihr das getan? Precht hob den Finger, und dann geschah etwas Unerwartetes: »Es geht um die Massentierhaltung«, sagte er. »Ich würde die Massentierhaltung als einen historischen Übergang betrachten. Die Massentierhaltung hat ihren Zenit erreicht.«

Rascheln und Gemurmel im Publikum. Das waren gewichtige Worte.

»Die Folge wird sein«, fuhr Precht fort, »dass Fleisch gigantisch teurer werden wird, wenn wir es ethisch vertretbar produzieren wollen. Die ethische Sensibilisierung in der Gesellschaft nimmt zu.« Er strich sich die Haare aus dem Gesicht und lächelte. »Dem muss die Wirtschaft Rechnung tragen.« Dann fügte er noch hinzu: »Vielen Dank für Ihre Aufmerksamkeit.« Und ging von der Bühne.

War ich wirklich beim Zentralverband der Deutschen Geflügelwirtschaft? Doch ich hatte nicht viel Zeit, mich zu wundern, denn der Moderator bat seine Gäste auf die Bühne. Es waren Renate Künast, Fraktionsvorsitzende von Bündnis 90/Die Grünen im Bundestag; der Journalist Hajo Schumacher; der Sprecher des FDP-Bundestagsausschusses für Ernährung und Landwirtschaft, Hans-Michael Goldmann; der Geschäftsführer des Bundesverbands Tierschutz, Jörg Styrie; der Präsident des Kuratoriums für Technik und Bauwesen in der Landwirtschaft, Thomas Jungbluth; der Präsident des Zentralverbands der Deutschen Geflügelwirtschaft und Gastgeber, Leo Graf von Drechsel. Und ich.

»Der Fleischkonsum steigt stetig an«, eröffnete der Moderator die Diskussion und versorgte zunächst einmal alle Gäste mit erschlagend vielen Fakten: 89,1 Kilo Fleisch isst der Deutsche im Jahr, davon 19,1 Kilo Geflügel. 1,5 Millionen Menschen sind Vegetarier, doppelt so viele Frauen wie Männer. 79 Prozent der Deutschen ist es wichtig, Fleisch auf dem Speiseplan zu haben, am liebsten Geflügel – 86 Prozent Geflügel vor 57 Prozent Rind vor 40 Prozent Schwein, so die Lieblingsfleischrangfolge. Laut eigenen Umfragen des Zentralverbands würden auch in Zukunft 97 Prozent in unserem Land vertrauensvoll zu deutschem Geflügel greifen.

Die hauseigenen Zahlen überraschten mich nicht. Auch die Eröffnungsfrage, die der Moderator Renate Künast stellte, war keine Überraschung: Ist Fleischkonsum heute noch zu verantworten? Und was folgte, war auch keine Überraschung. Ich will hier nicht die gesamte Veranstaltung wiedergeben, aber so manche Passagen und Wortgefechte erscheinen mir erwähnenswert, weil sie die verschiedenen Standpunkte zeigen und auch, mit welchen Argumenten die verschiedenen Interessensgruppen die Diskussion bestreiten.

Renate Künast sagte, die Frage sei nicht, ob, sondern wie viel Fleisch konsumiert werde und wie es erzeugt werde. Sie würde ja auch wollen, dass man sie artgerecht hielte.

Der Sprecher des FDP-Bundestagsausschusses für Ernährung und Landwirtschaft, Hans-Michael Goldmann, fand Fleischkonsum ebenfalls zu verantworten. In der Haltung habe sich bereits vieles verbessert. Bei der Haltung von Legehennen sei Deutschland sogar Vorbild.

Der Präsident des Kuratoriums für Technik und Bauwesen in der Landwirtschaft, Professor Jungbluth, sagte, es gebe nicht nur die hoch technisierten, vollautomatischen Großbetriebe, sondern immer auch noch Kleinbetriebe, und beide hätten ihre spezifischen Probleme.

Der Präsident des Zentralverbands der Deutschen Geflügelwirtschaft, Leo Graf von Drechsel, sagte, große Teile der Bevölkerung schauten nur, dass sie sich ein schönes Stück Fleisch leisten könnten, möglichst mehrmals die Woche. Lassen wir also die Menschen essen, was ihnen schmeckt! Es gebe viele Völker, die uns beneideten.

Renate Künast stimmte zu: Ja, lassen wir den Menschen die Freiheit!

Jemand aus dem Publikum rief: Danke!

Renate Künast fügte hinzu, für sie sei es Freiheit, dass der Verbraucher sehe, was er esse. Im Grundgesetz sei das Wohl der Tiere verankert. Das bedeute auch, dass es keine Ställe geben dürfe, in denen Hühner nicht mehr stehen könnten. Darum sollten öffentliche Gelder nur in Ställe investiert werden, in denen artgerechte Bedingungen herrschten.

Die Zucht sei ein Problem, meldete sich der Geschäftsführer des Bundesverbands Tierschutz, Jörg Styrie, zu Wort: Eine Pute sei heute doppelt so schwer wie vor 20 Jahren, ihre Brustmuskeln seien so groß, dass das Knochengerüst sie gar nicht tragen könne. Eine Qual für die Tiere!

Man führe seit Jahren einen gesunden Dialog, entgegnete der Präsident des Zentralverbands der Deutschen Geflügelwirtschaft. Man habe Eckwerte zur Putenzüchtung verabschiedet, auch mit Konsequenzen. Das sei ein guter Schritt. Die Wirtschaft bemühe sich, das Tierwohl zu optimieren.

Künast warf ein, die Grünen hätten da nicht zugestimmt.

Styrie fuhr fort, Massentierhaltung sei ja ein Täuschbegriff. Handle es sich bei einem Ökohof mit ein paar Hundert Schweinen auch um Massentierhaltung?

Künast sagte, die Grünen stellten sich einen anderen Standard vor.

Da sei auch noch die Sache mit dem Kupieren der Schnäbel, fügte Styrie hinzu. Mit dem Laserstrahl würden sie abgebrannt, dabei sei ein Putenschnabel voller Nerven.

Nun diskutierte man eine ganze Weile über die Messbarkeit der Verbesserungen in der Nutztierhaltung. Künast wendet ein, dass die Forschung hier lediglich in Millimetern denke, worauf Goldmann ihr ins Wort fährt und Künast kontert, man streite sich bereits seit 14 Jahren. Sie stellt fest: Worüber reden wir hier eigentlich? Wir sind immer noch im Stall, immanent! Drechsel erklärt, er sei mit Hühnern im Stall aufgewachsen und könne sagen, dort herrsche Kannibalismus pur. Hühner fräßen sich gegenseitig auf. Die seien Allesfresser! Ansonsten habe das Huhn seiner Mutter nicht annähernd so gut geschmeckt wie das Huhn, das heute mit unheimlich viel Know-how produziert werde.

Wollen Sie wieder Tiermehl verfüttern, fragte Künast.

Unbedingt, antwortete Drechsel, besser verfüttern als wegwerfen.

Kurz darauf meldete sich noch einmal David Precht aus dem Publikum zu Wort. Nehmen wir an, sagte er, wir könnten Tiere züchten, die sowohl schmerz- als auch stressresistent wären. Dann würden sie nicht mehr leiden. Dann wäre dieses Problem gelöst. Meine Frage an die Wirtschaft: Würden Sie das begrüßen?

Genmanipulation, so Drechsel, lehne sein Verband ab.

Tofu auf zwei Beinen? Der Journalist Hajo Schumacher zu Prechts Frage: Wenn aus einer Pflanze, die seelenlos sei, Fleisch produziert werde, warum könne man das nicht als Fortschritt bezeichnen?

Ein Mann aus dem Publikum rief, er sei Landwirt und Verbandsfunktionär, und ihm gehe es auch nahe, wenn Tiere gequält würden. Aber keiner könne ein Tier fragen: Fühlst du dich wohl? Die Hälfte der Leute da auf der Bühne sei doch noch nie im Leben in einem Stall gewesen! Auf seinem Hof seien sogar schon Vertreter der Kirche gewesen, zwei Tage vor der Schlachtung, und die hätten bestätigt, dass das gute Massentierhaltung sei, was er da mache.

Ein anderer meldete sich aus dem Publikum und sagte, die Biohaltung mache in der Geflügelwirtschaft lediglich 0,4 Prozent aus, und wenn die Verbraucher zu 95 Prozent möglichst preiswert einkaufen wollten, wie solle er daran auf seinem Hof etwas ändern?

Ein anderer Zuhörer rief: Ich habe in meinem Leben so viele Schweine geschlachtet, das geht auf keine Kuhhaut.

Szenenapplaus.

Mit dem Kampfbegriff von der Massentierhaltung komme man nicht weiter, fügte der Mann hinzu. Bekämen die Züchter Geld für die Freilandhaltung, würden sie das machen – kein Problem!

Ein weiterer Mann ergriff das Mikrofon: Herr Bredack, ich esse gern Fleisch. Meine beiden Töchter sind Vegetarierinnen. Was bewegt junge Menschen dazu?

Tja, sagte ich, wir erleben tatsächlich eine starke und stetig wachsende Nachfrage nach vegetarischen und veganen Produkten bei jungen Leuten. Sechzig Prozent der Kunden sind weiblich. Es gibt dann eine Delle bei Leuten zwischen 34 und 55 Jahren, ab 55 Jahre steigt die Nachfragekurve wieder an. Dann kommen die ersten Zipperlein, und man denkt über die Ernährung nach.

Am Ende bat der Moderator alle Diskussionsteilnehmer um ein Schlusswort.

Gut, dass es solche Diskussionen gebe, sagte Renate Künast.

Er vertraue seinem Schlachter, sagte Hajo Schumacher.

Vieles sei in Ordnung, aber es bestehe noch Verbesserungsbedarf, sagte Herr Goldmann vom FDP-Bundestagsausschuss für Ernährung und Landwirtschaft.

Man möge bitte die Forschung nicht vergessen, mahnte der Präsident des Kuratoriums für Technik und Bauwesen in der Landwirtschaft, Thomas Jungbluth.

Ich sinnierte nach einem geeigneten Schlusswort als Pflanzenesser, aber als ich dran war, fiel mir nichts anderes ein als die Frage: Warum soll ich den Hund streicheln und das Schwein essen?

Dann kam das endgültige Schlusswort, und das hatte natürlich der Gastgeber, der Präsident des Zentralverbands der Deutschen Geflügelwirtschaft, Leo Graf von Drechsel. Er bedankte sich bei den Teilnehmern der Diskussion, beim Moderator und bei den Gästen im Saal. Seine Branche sei nicht nur mutig, sondern auch innovativ: Man wolle ein sexy Produkt und erkenne die Zeichen der Zeit.

Davon sind wir noch meilenweit entfernt, dachte ich.

Nach der Veranstaltung wurden auf dem Balkon der Akademie Häppchen gereicht. Ein paar mit Geflügel, mindestens die Hälfte aber vegetarisch. Und das bei einer Veranstaltung des Zentralverbands der Geflügelwirtschaft; zu Zeiten des Hähnchenkönigs und Wienerwald-Gründers Friedrich Jahn hätte es selbstverständlich und ausschließlich gegrilltes Hühnchenfleisch gegeben.

»Jaja«, sagte jemand, »der Schumacher hat schon recht. Fleisch ist heute in vielen Kreisen uncool.«

Man aß und trank und genoss den Blick aufs Brandenburger Tor. Ich nutzte die Gelegenheit, einen Hotelier zu überzeugen, dass veganes Catering hip sei, und gab ihm meine Visitenkarte. Da kam ein älterer Herr auf mich zu. Untersetzt, weiße Haare, rote Nase. Kauend.

»Hören Sie! Sie, Sie, Sie ... Wie können Sie das nur verantworten?«

Vor Erregung spuckte er winzige Partikel weißen Fleisches durch die Luft.

»Verantworten?«, fragte ich. »Was denn?«

»Ihren Kindern kein Fleisch zu geben. Sie, Sie ...« Er prustete.

»Mein 15-jähriger Sohn isst Fleisch, wann und wie er will.« Ich zuckte mit den Schultern. »Das finde ich auch völlig in Ordnung.«

Mein Gegenüber maß mich mit einem Früher-hätten-wir-dich-Blick. Stand ihm gut. Dann wendete er sich ab und ging. Und ich verstand: Hier ging es um sehr, sehr tief sitzende Gefühle. Auch ein paar andere Gäste musterten mich mit Blicken, als wäre meine bloße Existenz ein Angriff auf ihre Männlichkeit. Aber vielleicht bildete ich mir das nur ein.

Im Aufzug nach unten begegnete ich noch einmal Leo Graf von Drechsel. Er wirkte wie ein sympathischer, zufriedener Aristokrat.

Er sei *auch* gesund, sagte er unvermittelt. Und das *mit* Fleisch. Ihm fehle *nichts!*

Ich hatte ihn gar nicht gefragt.

Doch, dachte ich, als ich wieder zu Hause war, es war ein interessanter Abend. Er hat gezeigt, wie hilflos die Industrie, die Züchter, die Bauern und die Lobbyisten sind. Der Fleischkonsum in Deutschland geht zurück, aber man tut so, als wäre das nicht so. Wir stehen eben erst am Anfang vom Ende der Ära des Tieretötens.

Ein Blick über den Tellerrand

Inzwischen gibt es unsere Veganz-Supermärkte in Berlin, Hamburg, Frankfurt und München. Demnächst werden wir weitere Filialen in Wien, Leipzig und Essen eröffnen. Zwanzig weitere in Zürich, London, Amsterdam, Köln, Stuttgart, Nürnberg, Hannover und so weiter werden folgen. Und das ist erst der Anfang.

Man muss ein Angebot schaffen. Darum suche ich mir in jeder Stadt einen oder mehrere selbstständige Geschäftsführer, die neben dem Supermarkt ein eigenständiges veganes Bistro führen, ein veganes Schuhgeschäft, eine vegane Boutique oder ein veganes Restaurant. So eröffnete der Berliner Koch Björn Moschinski 2013 über dem Veganz in der Warschauer Straße das sehr erfolgreiche Restaurant Mio Matto. Es gibt eine Showküche, Kochkurse und Weinseminare. Jeden Sonntag findet ein Brunch statt, der schnell zum Szenetreff wurde. Wir suchen nun verstärkt zentrale Lagen, am liebsten in Fußgängerzonen und gern direkt neben einem Starbucks-Café. Wir wollen gesehen werden. Wir wollen Zeichen setzen. Wir sagen – entsprechend unserem Claim *Wir lieben Leben* –: Seht her, hier könnt ihr anders essen und anders einkaufen. Hier bist du Mensch, hier darfst du sein. Hier wird kein Mitarbeiter ausgebeutet und kein Tier zu Schaden kommen. Das Ganze entspricht sehr meinem alten Traum von der veganen Wohlfühloase.

Geld brauche ich nur noch, um zu investieren, zu wachsen, neue Märkte zu erobern und meine Mitarbeiter anständig zu bezahlen. Meine Prinzipien lauten: gesunde Ernährung ohne tierische Produkte – fairer Handel – regionaler Einkauf, so weit möglich. Die Menschen honorieren das. Ich sehe, wie der Markt schier explodiert, weil so viele sich nach mehr Fairness sehnen. Weil sie genug davon haben, selbst unfair behandelt zu werden.

Im Moment bin ich oft auf den Baustellen unserer neuen Filialen, um die Bauarbeiten zu beaufsichtigen. Von Berlin nach Prag sind es mit dem Auto gerade einmal drei, vier Stunden; ich fahr gern mit dem Auto, das ist vielleicht noch ein Relikt aus meinem früheren Leben. Der Veganz-Lieferwagen ist dann mein zweites Büro, in ihm erledige ich Anrufe, schicke E-Mails durch die Welt, schreibe ich Excel-Tabellen und erledige Geschäftspost.

In Prag treffe ich regelmäßig meinen Geschäftspartner David. Er ist Veganer. Freunde von ihm betreiben das Rohkostrestaurant Secret of Raw in der Nähe des Bahnhofs. Der Laden ist immer gut besucht, halb Prag trifft sich hier. In der Stadt herrscht im Moment so etwas wie eine Art zweiter Prager Frühling. Eine neue Friedensbewegung ist entstanden, und David schwört, dass diese Bewegung einen regelrechten Boom in Sachen veganer Ernährung ausgelöst hat.

Anfangs handelte es sich um eine rein vegane Jugendbewegung. Die Jugendlichen malten Schilder in Regenbogenfarben – ähnlich dem Greenpeace-Logo – und stellten sie an verschiedenen Orten der Stadt auf: *Glück für alle Lebewesen,* stand darauf. Aus der kleinen Truppe wurde schnell eine Massenbewegung. Sie veranstalten Konzerte und Happenings, Demos und Kundgebungen. Im Secret of Raw laufen die Fäden zusammen. Sollten Sie demnächst einmal in Prag sein, werfen Sie doch einmal einen Blick in diese Küche!

In einer Rohkostküche geht es nämlich anders zu als in einer normalen Küche. Es gibt dort keinen Herd, denn Rohkostspeisen dürfen nicht gekocht werden. Sie sollten überhaupt nicht über 42 Grad erhitzt werden, damit alle Vitamine, Ballaststoffe, Enzyme und sonstigen Nährstoffe erhalten bleiben; der Körper nimmt sie dankbar und restlos auf. Doch *Superfoods* müssen nicht immer kalt gegessen werden. Viel wichtiger als ein Herd, ist ein Mixer, am besten sollte es ein Hochleistungsmixer sein. Damit kann man eine Tomatensuppe zubereiten, die eine geballte Ladung Nährstoffe enthält und gleichzeitig so heiß ist, dass man pusten muss, um sich nicht die Lippen zu verbrennen. Denn durch die hohe Umdrehungszahl, die gute Mixer erreichen, erzeugt man Wärme, ohne zu kochen. In Russland habe ich monatelang mit meinen Mixern experimentiert und mich in regelrechte Rauschzustände hineingegessen.

Ein anderes, äußerst wichtiges Utensil in der Rohkostküche ist der Trockenofen. Dabei handelt es sich um Geräte, die langsam dehydrieren – beim Brotbacken zum Beispiel entziehen sie dem Teig beziehungsweise der Leinsamenmischung Wasser, bis schließlich ein relativ dünnes, knuspriges und würziges Brot entsteht, das ein wenig arabischen Brotsorten ähnelt. Auch bei diesem Backvorgang steigt die Temperatur nie über 42 Grad. So bereitet das Rohkostrestaurant Secret of Raw in Prag nicht nur Suppen, Gemüse und Salate zu, sondern auch eine köstliche Rohkostpizza mit Käse und allem Drum und Dran.

Noch in diesem Jahr werden wir zusammen einen veganen Supermarkt eröffnen, den ersten in Prag. David wird die Geschäftsführung übernehmen.

Von Prag aus fahre ich weiter nach Wien. Ich mag die Wiener und bin gern in Wien. Dort werde ich, wenn ich meinen Veganz-Supermarkt eröffne, allerdings zum ersten Mal nicht der Erste sein. In der Stadt gibt es bereits einen kleinen veganen Supermarkt, und der Betreiber ist ausgerechnet mein ehemaliger Kompagnon. Eigentlich wollten wir den Laden gemeinsam eröffnen. Dann hat er sich mit der Idee und dem Know-how auf eigene Faust selbstständig gemacht. Soll mir recht sein, Konkurrenz belebt das Geschäft.

Die vegane Bewegung in Wien ist inzwischen weiter als die in Berlin. Sieben bis acht Prozent der Österreicher leben vegetarisch und etwa ein Prozent vegan, schätzt Walter Schulz, Küchenchef im Yamm. In seinem vegetarisch-veganen Restaurant schlage ich immer mein Büro auf. Es liegt direkt gegenüber der Universität, erstreckt sich über zwei Etagen und ist sehr modern eingerichtet. Im ersten Stock sind die Wände krötengrün und giftlila gestrichen, die Bänke und Stühle mit Krokoimitat bezogen, himmelblaue Trennwände schaffen kleine Nischen, und über allem prangt ein Lichtensemble wie aus bunten Murmeln. Im Erdgeschoss steht zwischen mannshohen Palmen das üppigste vegane Büfett, das ich je gesehen habe – das beste Büfett der Stadt, vielleicht sogar der Welt! Draußen auf einer kleinen Empore lümmeln die Gäste in grünen Loungemöbeln. Die Bedienungen servieren Hunderte Köstlichkeiten, unter anderem einen Faschierten, einen Hackbraten, der eine Menge berühmter Restaurants in der Stadt vor Neid erblassen lassen würde. Es ist immer voll im Yamm, und es sind beileibe nicht nur Studenten, die hier essen, sondern Leute aus allen Schichten und Vierteln der Stadt. Hier ist der Veganismus bereits in der Mitte der Gesellschaft angekommen. »Die Jungen haben einen Vorsprung, sie sind offener für Neues«, sagt Walter Schulz. »Die Generation 40 plus tut sich schwerer mit veganer Ernährung. Doch sie holt mächtig auf.« Dabei hat die Bewegung auch eine starke politische Kraft. »Über die sozialen Medien sind schnell 50 000 Leute aktiviert. Von wegen, in China fällt a Radl um ... Und in fünf Jahren wird das noch ganz anders aussehen!« Schulz zwinkert. Er ist ein Schlawiner alter Schule und nennt sich selbst einen »5-Tage-Veganer«.

Im Yamm treffe ich mich mit Anwälten, Architekten und

meinen österreichischen Partnern. Auch in Wien suchen wir eine Immobilie in bester Citylage. Auch hier werden wir angegliedert an den Supermarkt ein Bistro und eine Showküche eröffnen. »Die jungen Leute werden immer anspruchsvoller«, sagt Walter Schulz. »Ein Getränk in einer Plastikflasche akzeptieren viele schon gar nicht mehr.« Ein junger Deutscher, Marketingleiter einer Biosupermarktkette, der sich als Veganz-Mitarbeiter bewirbt, ergänzt: »Ich esse schon mein ganzes Leben vegetarisch. Früher war ich ein Aussätziger, heute sehe ich rasant Zuwächse auf dem Markt. Immer mehr Menschen stellen ihre Ernährung auf fleischlose oder vegane Kost um, meist junge Leute und Frauen, aber die anderen Altersgruppen ziehen nach.«

Super, denke ich mir, dann mache ich 2015 gleich noch einen zweiten veganen Supermarkt in Wien auf!

Ich liebe das Yamm. Und ich liebe Charly Schillinger. Sein Restaurant liegt eine gute halbe Autostunde außerhalb von Wien, an einer Biegung der Hauptstraße von Großmugl. Ein malerischer Landgasthof mit einem wunderschönen Biergarten unter üppigen Linden. Drinnen geht es zu wie in einem Wiener Beisl. Die Kellnerin bringt eine Speisekarte, die jedem das Wasser im Mund zusammenlaufen lässt: Naturschnitzel mit Schwarzbierjus und Pommes frites, gebratene Garnelen, Frittatensuppe, Fleischstrudelsuppe, Chili- und Cheeseburger, Wiener Backhendl, Kotelett aus der Pfanne mit Kräuterbutter und gebratenen Erdäpfeln, Wildragout mit Serviettenknödeln und Preiselbeeren, Paprikahendl mit Spätzle, Cordon bleu, Tiramisu-Nockerln ... Selbstverständlich sind Schnitzel, Backhendl, Wildragout und Garnelen rein pflanzlich und vegan.

»Die Backhendl haben mich anfangs vor Probleme gestellt, die Semmel- und Serviettenknödel auch«, gibt Charly Schillinger zu. Jahrelang hat er experimentiert, bis er raushatte, wie man Knödel ohne Eier, nur mit veganen Zutaten, hinbekommt. Bis heute weiß ich nicht, wie er es schafft – aber er schafft es! Und sie schmecken genau wie herkömmliche Knödel. Auch sein Schnitzel mit Schwarzbierjus sieht haargenau aus wie ein traditionelles Schnitzel mit Schwarzbierjus. Wenn man hineinbeißt, fühlt es sich im Mund an wie ein Schnitzel in Schwarzbierjus. Und natürlich schmeckt es auch so.

Sie glauben mir nicht? Gehen Sie ins Schillinger!

Dabei ist Charly auch noch ein Wirt wie aus dem Bilderbuch. Er wiegt gut und gern zweieinhalb Zentner, strotzt vor Lebensfreude, und wo er hinkommt, verbreitet er behagliche Gemütlichkeit. Seine Frau, die er vor mehr als 20 Jahren auf einer Tierschutzdemo kennenlernte, wollte einmal einen Kalender gestalten – mit Charly und ähnlich gewichtigen Pflanzenvertilgern im Adamskostüm. »Um endlich einmal mit diesem Vorurteil aufzuräumen, Veganer seien lustfeindliche, spindeldürre Männchen mit eingefallenen Gesichtern«, sagt Irene Schillinger und lacht.

Doch dazu reicht auch ein Besuch im Schillinger. Denn hier reden alle nur übers Essen. Wo gibt es den besten veganen Käse? Habt ihr dieses neue Dessert schon probiert? Hier bestellt man Bier, Smoothies und Wein, hier wird geschlemmt wie in anderen Gourmetrestaurants auch. Und weil es so sinnenfreudig zugeht, kommt das Gespräch irgendwann auch auf die Liebe. Verliebt sich ein Fleischesser in eine Veganerin – geht das gut? Alle haben eine Meinung dazu. Eine Weile gehe das gut, sagen die einen, in der ersten Verliebtheit arrangiere man sich. Zu Hause werde vegan gekocht, draußen dürfe er oder sie auch Currywurst essen. Irgendwann höre die Toleranz auf, sagen die anderen. In der Küche ein totes Tier braten? Unvorstellbar! Allein der Geruch ... Eines Tages stehe dann unweigerlich ein Satz im Raum: Du tötest Tiere. Sei die Liebe groß genug, werde der Fleischesser jetzt zum Vegetarier. Doch bald drohe der nächste Streit: Du isst Eier, obwohl du weißt, unter welch erbärmlichen Bedingungen Hühner gehalten werden? Charly und Irene Schillinger sehen sich an. »Veganer können nur mit Veganern leben«, sagt Irene. »Einer muss nachgeben.«

»Aber das wird in den seltensten Fällen der Veganer sein«, sagt Charly und lacht, dass sein massiger Körper bebt. Ich verstehe die beiden. Ich will nicht missionieren, doch inzwischen könnte ich auch nicht mehr mit einer Partnerin zusammen sein, die Fleisch und tierische Produkte isst.

Das Schillinger ist längst ein weit über die Grenzen bekannter Gourmettipp. Von überall kommen Veganer und Vegetarier und auch Fleischesser, die Charlys vegane Küche ausprobieren wollen. Er ist schon in allen möglichen Fernsehsendungen aufgetreten, Zeitungen berichten immer wieder über sein Lokal. Seit Kurzem gibt es sogar einen Dokumentarfilm, der die Geschichte des Schillinger erzählt. Diese Geschichte geht in etwa so:

Es war einmal eine kleine Dorfwirtschaft in Großmugl, 1793 gegründet und über elf Generationen als Familienbetrieb geführt. Über 200 Jahre wurden hier klassische österreichische Gerichte serviert. Man hielt eigene Schweine, schlachtete regelmäßig, und auf den Tellern lag immer das beste Fleisch. Als Charly 19 Jahre alt war, starb plötzlich sein Vater. Über Nacht war es an ihm und seinen drei Schwestern, den Familienbetrieb weiterzuführen. Doch Charly hatte ein Problem: Er brachte es nicht über sich, die Schweine zu schlachten. »Ich mochte sie so sehr, ich konnte sie einfach nicht töten«.

Charly Schillinger wurde Vegetarier. Eine Weile später wurde er Veganer. Für das Wirtshaus war es das Aus. Charly studierte Wirtschaft, ging nach New York und verdiente als Broker an der Wall Street ein Vermögen. Doch irgendwann warf er alles hin, kehrte zurück in sein Dorf und sperrte das alte Familienrestaurant wieder auf. Allerdings machte er nun ein veganes Restaurant daraus. Anfangs kamen nur ein paar vereinzelte Veganer aus Wien. Die Dörfler mieden das seltsame Beisl. Erst mit der Zeit traute sich der eine oder andere zu Charly. Der allerdings wusste seine zögerlichen Gäste zu überzeugen. Und auch seine anderen Gäste überzeugt und überrascht er immer wieder.

Nur einer verweigert sich hartnäckig: Der Pfarrer geht nie ins Schillinger. Denn Charly Schillinger geht nie in die Kirche. Er ist Atheist.

Es geht um mehr als ein paar vegane Supermärkte

Die Nachricht erschütterte mich wie ein Erdbeben: Unsere potenziellen Investoren, die Pizza-Erben, werden nicht in die Veganz GmbH investieren.

Ein halbes Jahr lang hatten wir gerechnet, überlegt, verhandelt. Ein halbes Jahr waren sie Feuer und Flamme gewesen, wir telefonierten täglich, sie wollten alles ganz genau wissen. Sie waren sehr nett. Sie waren großzügig. Sie wollten Anteile kaufen und eine Anzahlung auf ihre Anteile leisten, 1,25 Millionen Euro. Die Anwälte setzten die Verträge auf. Ich fuhr nach Frankfurt, um sie zu unterschreiben.

Es war ein heißer Sommertag, und wir trafen uns in einer der renommiertesten Anwaltskanzleien der Stadt. Ich war etwas spät dran. Ich stieg in den Fahrstuhl. Er hatte keine Knöpfe. Als ich oben ausstieg, blickte ich über die Dächer der Stadt. Hinter einem langen Tresen saßen zwei Damen. Eine geleitete mich durch lange, kühle Flure. Plötzlich fühlte ich mich zurückversetzt in die Vorstandsetage von Daimler. Nur passte ich nicht mehr richtig ins Bild. Ich trug Schuhe, immerhin, doch es waren vegane Barfußschuhe, dazu kurze Hosen und ein T-Shirt. Leise liefen wir an hohen Türen vorbei, überall auf den Schildern klangvolle Namen und Titel, scheinbar waren alle Anwälte hier promoviert. Ich fühlte mich wie ein Fremdkörper.

Am Ende des Flurs betraten wir einen gefühlt 500 Quadratmeter großen Raum. Sechs Leute saßen an einem chromglänzenden Tisch – Anwälte, Berater und Vertreter der Erben. Sie trugen Anzüge, neben ihren Stühlen standen Aktenkoffer aus Straußenleder. Ihre Blicke maßen mich. Einer runzelte ein wenig die Stirn. Ich wartete darauf, dass er sagte: Die Post können Sie am Empfang abgeben. Als er es nicht tat, grüßte ich. Ich sah das Befremden in ihren Augen, vor allem in den Augen derjenigen, die mich noch nicht kannten. Sie sollten einen 1,25-Millionendeal mit einem unrasierten Halbwilden abwickeln?

Ich setzte mich. Ich las die Verträge – und merkte, dass sich die Konditionen geändert hatten. Die Erben wollten nun 40 Prozent Anteile anstatt der ausgehandelten 25 Prozent.

»Wenn Sie bitte unterschreiben wollen.« Man reichte mir einen Füller.

Ich rechnete. Ich brauchte das Geld, dringend. Aber die Verschiebung bei den Anteilen würde zu Lasten eines anderen Gesellschafters gehen, und der würde das nicht akzeptieren. Auch steuerlich stellte es uns vor unlösbare Probleme.

Ich telefonierte mit unserem Anwalt, konsultierte unsere Steuerberaterin und bat darum, erneut zu verhandeln.

Aber selbstverständlich, sagten die Anzugträger.

Wir verhandelten im Verlauf der nächsten 14 Tage einen neuen Vertrag aus, und die Anzahlung zum Kauf von Anteilen an meiner Firma trudelte dann tatsächlich auf unserem Konto ein. Wir waren jetzt erst einmal wieder handlungsfähig und bereiteten uns nun auf den großen Abschluss der Kaufverträge vor. Wieder kamen Wirtschaftsprüfer, und noch eine Inventur hier, eine Nachfrage da, unzählige Entwürfe, stundenlange Telefonate, Präsentationen ... Zwei Tage vor unserem geplanten Closing, der Vertragsunterzeichnung, kam es dann zu unüberwindbaren Differenzen im Vertragswerk, und die Pizza-Erben stiegen unwiderruflich aus. Peng!

Zwanzig Millionen, mit denen ich fest gerechnet hatte, waren weg. Die hässliche Fratze des Kapitalismus grinste mich an. Ich fühlte mich, als hätte mir jemand den Stecker rausgezogen.

Ich setzte mich ins Auto und fuhr Hunderte Kilometer wild in der Gegend herum. Ich fuhr nach Koblenz, fuhr mit der Seilbahn auf eine Burg und sah hinunter auf die Mosel. Das erdete mich wieder. Die Eröffnung in München, die Eröffnung in Wien – das ließ sich nicht rückgängig machen. Ich würde woanders Geld auftreiben müssen, und zwar schnell. Schließlich hingen Arbeitsplätze daran, Mitarbeiter, Lieferanten, Hoffnungen, Existenzen.

So sehen meine Alltagssorgen aus. Doch inzwischen bin ich sicher, dass ich neue Investoren finden werde. Ich verhandle jetzt mit anderen großen Playern aus der Lebensmittelbranche. Vielleicht muss ich eine Weile auf die Bremse treten, aber ich werde es schaffen. Ich weiß, dass sich die vegane Idee und unser Geschäftskonzept durchsetzen werden. Sie sind viel mehr als nur ein angesagter Modetrend. Meine Erfahrungen in den USA, Kanada und fast allen Metropolen Europas zeigen: Überall verändern Menschen ihre Essgewohnheiten, überall haben sie Sehnsucht nach einem gesunden Leben, überall gewinnt der Veganismus täglich neue Anhänger. Etwas liegt in der Luft. Die Biomärkte sind voll, es gibt wieder Bauernmärkte, auch sie sind gut besucht, immer mehr Menschen sind bereit, für gesundes Essen auch mehr Geld auszugeben. Sogar aus Dubai, Indien und China habe ich schon Anfragen bekommen, dort einen veganen Supermarkt zu eröffnen. Darum werde ich weitermachen. Ich bin eben immer noch ein Workaholic. Obwohl sich auch etwas verändert hat: Ich bin jetzt Teil einer weltweiten Bewegung, und das trägt mich.

Die Industrie verkauft uns täglich Scheiße und verdient Milliarden damit. Wir haben uns daran gewöhnt, weil wir in der Vergangenheit zu feige waren, etwas daran zu ändern. Wir hielten fest, was wir hatten. Doch unsere Angst hat den massenhaften Betrug erst möglich gemacht. In den 1970er-Jahren gab es einmal einen Science-Fiction-Film: In einer kapitalistisch organisierten und überbevölkerten Welt wurden die natürlichen Ressourcen und Lebensmittel so knapp, dass sich nur noch die Reichsten gesunde Lebensmittel leisten konnten. Die Massen wurden mit künstlich hergestellten Produkten, unter anderem einer Art Keks namens Soylent Green, versorgt. Wer alt und lebensmüde war, ging in ein Euthanasiezentrum, wo ihm noch einmal Filmaufnahmen von blühenden Wiesen und rauschenden Flüssen gezeigt wurden, untermalt von klassischer Musik, bevor er starb. Im Verlauf des Films fand ein Detektiv heraus, dass die Leichen auf geheimen Wegen zum Konzern Soylent gebracht wurden, wo man sie zu eben jenen Keksen verarbeitete, die die Menschen arglos aßen. Großartige Fiktion. Sind wir wirklich so weit davon entfernt?

Irgendwo müssen wir anfangen, uns zu wehren. Und weil wir das große Ganze noch nicht ändern können, ändern wir erst einmal unser eigenes Leben. Durch unser Kaufverhalten verändern wir dann auch die herrschenden Verhältnisse. Ein kleiner, magerer Mann hat in Indien einmal ein Weltreich in die Knie gezwungen, indem er begann, seine Kleidung mit einem Spinnrad selbst herzustellen und sein Salz aus einem Salzsee zu schöpfen. Mahatma Gandhi war auch ein Besseressi.

Leider bin ich nicht so geduldig wie Gandhi. Ich sage mir, es gibt zähe und schwierige Phasen und leichte Phasen voller Euphorie, im Privaten wie im Business. Bald werden neue Investoren vor der Tür stehen, und ich werde mich wieder von Stufe zu Stufe hangeln, von Präsentation zur Prüfung, von Vorverträgen zur nächsten Prüfung. Mit den Pizza-Erben wollte ich ein Beteiligungsmodell mit nur einem Gesellschafter konstruieren, jetzt setze ich auf ein Modell, das mehrere Investoren an unserer Firma beteiligt und sie am Erfolg und Wachstum partizipieren lässt. Es geht um mehr als ein paar vegane Supermärkte – es geht darum, das System zu ändern. Nicht heute, aber morgen. Stück für Stück, von innen heraus. Und wir werden gewinnen, ich weiß es. Ich arbeite jeden Tag 14 Stunden an unserer Idee – und ich kann immer noch nicht genug davon bekommen.

Die Idee von einer gerechteren Welt und gesundem Essen für alle wird sich durchsetzen, denn sie ist schon zu weit gediehen.

Nachwort

Um es vorweg zu nehmen, ja, ich würde alles wieder so machen, ich bereue keine meiner Erfahrungen und schaue aber auch nicht mit Wehmut zurück auf ein vermeintlich glückliches Leben mit Erfolg, Macht, Anerkennung und Geld.

Ich bin jetzt 42 Jahre alt und habe 35 Jahre nach genau diesen Faktoren gelebt und gestrebt, bevor ich wachgerüttelt und aus meiner scheinbar heilen Welt katapultiert wurde. Ich bin heute ein anderer Mensch. Nicht nur, weil ich mich rein pflanzlich ernähre. Ich lebe und ich liebe das Leben. Und gerade, weil ich dieses Leben so liebe, ist es mir ein dringendes Bedürfnis, meine Freude zu teilen. Ich möchte, dass alle Lebewesen die gleichen Chancen und das Recht auf ein Leben erhalten, das sie lieben können.

Dieser Idealismus treibt mich, diese Vision bestimmt mein Handeln und Tun, diese so triviale, lebensbejahende Einstellung hält mich im Gleichgewicht und verleiht mir eine schier unendliche Energie. Ich werde oft gefragt, ob ich denn nicht Gefahr laufe, wieder in ein Burn-out zu rennen. Nein! Weil ich immer etwas tue, das meinen Werten und Idealen entspricht, ziehe ich aus meinem Wirken so viel Positives: ich treffe auf dankbare und glückliche Menschen, erlebe weltweit täglich die Veränderungen, die ich selbst erfahren habe, und habe Erfolg, nachhaltige Erfolgserlebnisse, die sich nicht an monetären oder Machtkriterien festmachen lassen. Dieses bewusste Leben hält mich wach und meine Sinne scharf.

An dieser Stelle möchte ich gerne nochmal zusammenfassen, was mich bewogen hat, die vegane Lebensweise als meinen Weg zu wählen, und warum ich so enthusiastisch bin, diese Lebensweise möglichst vielen Menschen zugänglich zu machen, Barrieren abzubauen und sie als die einzig vernünftige Form des Zusammenlebens auf unserer Erde zu etablieren.

Anfangen möchte ich mit dem *Tierschutz*. Auch wenn ich nicht direkt aus der aktiven Tierschutzszene komme, waren die »Wo kommt eigentlich mein Essen her?«-Erkenntnisse, die Bilder der Tiere aus Ställen, die für mein Essen geboren, gehalten und getötet werden, die Schlüsselmomente für mein Umdenken. Ich möchte nicht, dass für mein Leben andere Lebewesen leiden und getötet werden müssen. Das Ausmaß des Leides, das wir Menschen den Tieren antun, ist mir erst Stück für Stück bewusst geworden, und ich verstehe heute sehr gut, warum wir Konsumenten von Tierprodukten bewusst von den mit Mauern umgebenen Tierfabriken ferngehalten werden.

Es passiert etwas in unserer Gesellschaft. Scheußliche Bilder von gequälten und getöteten Tieren finden mehr und mehr ihren Raum in den Abendprogrammen der Fernsehsender. Es vergeht keine Woche, in der nicht mindestens eine Zeitung Berichte und Fotos von Ställen und Schlachthöfen veröffentlicht, bedauerliche Einzelfälle von Fleischskandalen, Dioxineiern, Lebensmittelverunreinigungen ... an die Öffentlichkeit gelangen. Man spricht in den Büros darüber, auf Geburtstagsfeiern werden diese Fälle thematisiert. Die Fleischindustrie hat ihren Zenit überschritten. In unserer vernetzten medialen Welt verbreiten sich diese Botschaften, und die Menschen bilden sich ihre Meinung. Sie ändern ihre Gewohnheiten und entscheiden mit Messer und Gabel über den Umsatzrückgang sowie die Existenz von Tierfabriken.

Über den Schutz des Lebens der Tiere hinaus, beeinflusst die bewusste, vegane Lebensweise auch das Leben und Überleben von uns Menschen selbst. Deshalb ist für mich die Entscheidung für eine pflanzliche Ernährung eng verknüpft mit der Wahrung der *Menschenrechte.*

Die Tiere der Reichen, fressen das Brot der Armen: Weltweit hungern fast 900 Millionen Menschen, alle 3 Sekunden stirbt auf unserer Erde ein Mensch an Hunger, 30 Millionen Menschen im Jahr! Täglich sterben zwischen 6000 und 43000 Kinder an Hunger, während ungefähr 40 Prozent der weltweit gefangenen Fische, 50 Prozent der weltweiten Getreideernte und 90 Prozent der weltweiten Sojaernte an die »Nutztiere« der Fleisch- und Milchindustrie verfüttert werden. 80 Prozent der hungernden Kinder leben in Ländern, die einen Nahrungsüberschuss produzieren, doch die Kinder bleiben hungrig und verhungern, weil der Getreideüberschuss an Tiere verfüttert beziehungsweise exportiert wird. Um ein Kilogramm Fleisch zu produzieren, werden je nach Tier bis zu 16 kg pflanzlicher Nahrung und 10000 bis 20000 Liter Wasser benötigt.

Schon kurze Zeit nach meiner Ernährungsumstellung habe ich sehr drastische Veränderungen an meinem Körper und meiner gesamten psychischen und physischen Konstitution festgestellt. Ich war als austrainierter Triathlet sicher kein Schwächling und hatte durch mein exzessives Training eine außerordentlich gute Kondition. Aber über die Jahre schleichen sich Wehwehchen ein, mit denen wir lernen zu leben, und an die wir uns gewöhnen oder die wir mit Medikamenten behandeln. Bei mir waren es die wöchentlichen Migräneanfälle, meine unreine Haut, Schuppenflechten, Verdauungsprobleme und Glieder-/Gelenkschmerzen. In allen Punkten konnte ich nach kurzer Zeit der Ernährungsumstellung Verbesserungen feststellen beziehungsweise sind die Beschwerden komplett verschwunden. Somit hat sich die pflanzliche Ernährung für mich auch aus *gesundheitlichen Gründen* bewährt, und ich empfehle jedem, mal einen Selbstversuch zu starten und die positiven Veränderungen selbst zu erfahren.

Mir begegnen sehr oft Menschen, die anfangen, sich in Folge von eigenen Krankheiten oder Schicksalsschlägen durch Krankheits-/Todesfälle in ihrem Umfeld mit ihren Ernährungsgewohnheiten zu beschäftigen. Aber auch wenn wir Menschen so gestrickt sind und unsere Gewohnheiten nur schwer ändern, möchte ich Sie ermutigen, nicht erst auf die sich einstellenden Symptome zu warten.

Und noch einmal möchte ich an dieser Stelle Albert Einstein zitieren, der sagte: *Nichts wird die Gesundheit der Menschen und die Chance auf ein Überleben auf der Erde so steigern wie der Schritt zur vegetarischen Ernährung.* Vor dem Hintergrund, dass der Begriff »vegan« zu Lebzeiten von Albert Einstein noch nicht geprägt war, ist diese weise These für mich zum Leitsatz geworden.

Wir hören jeden Tag sehr viel über *Klima- und Umweltschutz,* und erleben durch immer häufiger werdende Naturkatastrophen live, was die durch uns hervorgerufenen Veränderungen unserer Umwelt für Auswirkungen haben.

Ich habe 20 Jahre in der Automobilindustrie verbracht und in dieser Zeit viele Debatten über den CO_2-Ausstoß geführt, sowie die von der Politik verabschiedeten Maßnahmen (Abgasnormen, Partikelfilter, Lkw-Maut) zur Reduzierung der CO_2-Belastung durch den Autoverkehr begleitet. Das alles mutet wie eine Farce an, wenn ich heute weiß, dass Hauptverursacher für den Ausstoß von Treibhausgasen wie Methan und CO_2 mit großem Abstand die Nutztierindustrie und die Produktion von Fleisch und Milchprodukten sind.

Demnach ist der Konsum von Fleisch, Milch und Eiern für mindestens 51 Prozent der weltweiten, von Menschen ausgelösten Treibhausgasemissionen verantwortlich! Studien haben gezeigt, dass die Produktion von 1 kg Fleisch Emissionen in der Größenordnung von 36,4 kg CO_2 hervorruft. So verursacht 1 Kilogramm brasilianisches Rindfleisch dieselben Treibhausgasemissionen wie eine Autofahrt von 1600 Kilometern in einem Mittelklassewagen. Für die Herstellung von 1 kg Butter werden rund 24 kg CO_2 in die Atmosphäre emittiert.

Die für unser Weltklima so wichtigen tropischen Regenwälder werden für Weideflächen und vor allem zum Anbau von Futterpflanzen gerodet. Die »grüne Lunge« unserer Erde wird in einem nie dagewesenen Tempo vernichtet. Pro Minute gehen 35 Fußballfelder Regenwald verloren.

Ich hoffe, dass ich mit dem Aufschreiben meiner Geschichte Gedankenanstöße geben konnte, und dass Sie Ansätze finden, Ihrem Leben einen Impuls zu geben, um Sichtweisen zu hinterfragen und Gewohnheiten zu ändern. Denn ich wünsche mir, dass die Diskussionen in Zukunft von dem Leitgedanken getragen werden: Wir lieben Leben!

.

YES, VEGAN!

Jan Bredack, Gründer der »Veganz« Supermärkte
erzählt seine persönliche Geschichte, die ihn
zur veganen Lebensweise gebracht hat, auch
auf Facebook.

 Vegan für alle

 Jetzt gratis downloaden:
»Yes-Vegan«-Widget auf
www.piper.de/yes-vegan